JN103796

猫背を正そう!!

まえがき

はじめまして、広島県の尾道というところでUSHIO CHOCOLATL（ウシオチョコラトル）というチョコレート工場を営む中村真也と申します。

この本は主にチョコレート工場を造るまでに経験したことを書いた本です。

自分の人生を伝えることが他の誰かに需要があるのか?と、大変迷いながら書いていますが、いったん書き始めると小さな物語がたくさん詰まってるんだなと思えてきました。

誰かにとってはたいしたことない、でも誰かにとっては人生変えるかもしれないなと思えています。

僕が活字が苦手で、漫画が大好きということを担当編集の林さんが加味してくれて、少しの漫画を。そして今はもう辞めてしまった仲間との対談。大好きな写真家が撮ってくれたチョコレート工場の写真など、雑誌みたいな本です。

活字がメインですが、漫画を読むような感覚で楽しんでいただけたらと思います。

さて、『チョコレート最強伝説』というタイトルについて。

チョコレートって本当に世界中で知らない人がいないのではないかという、特別な食べ物です。

かつて僕がインターネットの匿名掲示板「2ちゃんねる」を楽しんでいた時に『ウェイパー最強伝説』というスレッドがあって、なんでも美味しく変えてしまう魔法みたいだと2ちゃんねらー達に賞賛されているのを見ました。チョコレートも魔法みたいな食べ物だなと思って付けました。

それでは、僕の人生を楽しくしてくれた魔法、チョコレートにまつわる話をご覧あれ。

目次

2022年
某日――
広島県尾道市向島に
奇跡が起きた
ドカーン
こ…ここは
どこ？
ぼくは
一体…？
ここは
ウシオ
チョコラトル
だよ
誰？
ジャーン
わたしは
カカオの精霊
グランド・マスター・
チョコラトル
おまえはグッド・
バイブスによって
自我を持った
ウシオの
チョコレートだ
へえ　チョコ
レートなのか
ウシオ
チョコラトル
って何？
それを
知るためには
中村真也という
人間のことを
知らなくては
イエ―イ
わたしの手を
握りなさい
時空を超えて
真也の半生を
見せてあげよう
ホワ～ン
あれが
真也？
そうだよ
オギャー

豚や牛は食べるのに、どうして犬や猫は食べないの?

これは、広島県の尾道市、向島（むかいしま）という島の南側の山の中腹にあるチョコレート工場、USHIO CHOCOLATL のボスをしている中村真也という人間の話。

チョコレート屋を起業するという経験がそれまでの人生を一変させた。

そこに辿り着くまでの一見チョコレートとまったく関係のなさそうな様々な経験が、気がつくとすべて繋がっていた。
まずはその話から始めたい。

僕が生まれたのは福岡と佐賀の県境の町で、生まれた病院は佐賀の諸富、育った家は福岡県大川市というMAD CITYだ。
大川市は家具で有名な町。生産物としては婚礼家具が中心だったようで、時代が変化し一軒家よりもマンション建築が中心となり、家具の文化は廃れ、同時に人口も減っていったそうだ。
僕が物心付く頃には自然が少ない環境で、タニシ・雷魚しかいない工業廃水で汚染されたドブ川、パチンコ屋、ラブホテル、コンビニ、国道、シンナーを吸うヤンキーが大半を占めるような町になっていた。

現在は若い世代が勃興を目指して現代に合う形の家具を開発したり高級な路線での台頭を目論んだりと少しずつ盛り上がってきているようだ。

僕の実家はガラス屋さん。祖父が創業したという家族経営の平凡な会社だった。祖父が社長、父親が常務、叔父さんが専務、母親がたまに手伝ったりする規模の自営業で、普段テレビを観たりご飯を食べたりしているコタツでお給料の分配作業が行われていたので、小さい時から大金が扱われるところをよく見ていた。

祖母はわりと教育に厳しく、僕が「なんのためにべんきょうすると?」と質問すると「一流の学校に行って、一流の会社に入って、結婚して良い家に住むことが一番幸せやけんよ」と何度も言い聞かせられた。今こうやって字面を見るとなんてオーソドックスな幸せの形なんだと思う。そして今現在、まったくその幸せの形にカスってもいないことが面白い。

僕が小学生の頃、どうやら経営がうまくいかなくなり社員みんなのお給料を半減せざるを得なかったようで辞める人が続出した。家族に「どうするの⁉」と責められる祖父が遠い目をしている光景を鮮明に覚えている。

その後、散々不満を告げて辞めていった人達が謝りながら戻ってくるという大人の世界を見た。結局その状況はウチだけではなく、他の会社も同じで、スキルを持たない彼らには他に行くところがなかったようだった。

そんなまだ幼い頃、父親の影響で漫画をたくさん読んでいた。トイレにたくさん積んであったので、朝も昼も夜もトイレの中で踏ん張りながら読んでいた。トイレはエロいシーンを隠れ見るのに最適だったということもあろう。

そんな中でも『美味しんぼ』(雁屋哲・原作/花咲アキラ・作画)と『寄生獣』(岩明均・作)は深く僕の中に突き刺さった。そして今も刺さったままだ。漫画から、食と命の関係を幼心に読み取っていた。

その頃の強い思い出の一つ。ある日の夕方頃、ウチで飼っていた豆柴のスズちゃんと遊んでいると、母親に「ご飯できたよー!」と呼ばれて居間へと戻った。毎日の光景である。

その日のメインディッシュは母お手製の豚カツ。なんて美味しそうなんだ!豚カツは天才。ソースをかけてお米と一緒に頬張れば甘い脂が溶け出し、添えられている肉汁と脂でしっとりとしたキャベツの千切りで後口はさっぱりし、豚肉の香りの余韻が膨らんでいく。至福の瞬間だった。

その時ふと思った。

なぜ豚や牛は食べるのに犬や猫は食べないのだろう。

みんな通るであろう倫理の入口。特にこの時は豆柴のスズちゃんと遊んだ直後だったことで、トイレで繰り返し読んでいた漫画、『寄生獣』のテーマと体験が同期されたのだろう。

この瞬間には肉を食べることへの抵抗が生まれることはなかった。だって美味しいし、みんな食べてるし。食べなくなるなんて微塵も考えていなかった。だけど食事をする際に、頻繁にその疑問が浮かぶようになっていた。

ファッションを知り、政治を知る

時は流れ中学生になった。小学生の頃からそうだが女子から全くモテなかった。どちらかというと陰キャ扱い、だけど不思議と男友達は多く、毎日僕の家にたくさんの友人が遊びに来てくれて、賭けトランプしたり、自転車で1時間半かけて川へ行ったりとそれなりに充実していたと思う。

しかしある日、事件が起こる。

その頃はファッションに全く無頓着だった。祖母が佐賀のデパートで買って来てくれる服をなんの疑問も持たずに毎日着ていた。そんな中学1年生の秋、廊下で学生服の上着を脱いだ。偶然目の前にいた、学年の中でも可愛いとされている女の子が強く大きな声で「しんやの服ダッサァー!!!」と叫んだ。

一瞬何が起こったかわからなかったが僕は大きなショックを受けていた。祖母が買ってくれたトレーナーはものすごく、ダサかったのだ。僕はそっとそれを脱ぎ、二度と着ることはなかった。

翌日から自分でなんとなく「これならいいのではないか?」と選んだのは赤いネルシャツだった。事件の翌日、教室でネルシャツ姿で過ごしていると視線を感じる。友達ではあるがそんなに接点のない女子だった。(え……またダサいとか思われとるとやろうか……)と恐怖にかられていると、その子が僕に「なんか変わったね」と言い、少しだけイチャついてきたのだ。なんと僕に好意を抱いた様子だった。

そこからが僕の中学デビューだった。

その後もファッションが僕の人生に良い影響を与えるにつれファッションって大事でこんなに楽しいモノなんだ!と知っていった。自信が生まれるきっかけになる出来事であった。

そして隣町のY高校に通い始める。高校生になるとまた生活はガラッと変化し、ボクシング部に入部して、恋をして、その子と連絡が取りたくて携帯電話購入のためにスーパーでアルバイトを始め、そこで仲良くなった先輩に遊びを教えてもらって、バイクの免許を取得して友達といろんなところへ行って時には事故して、100対100の喧嘩に巻き込まれたり、時にはボコボコにされたり、おしゃれな友達に誘われてクラブイベントを開催したりして……最終的な高校の思い出は生徒会に入ったことだった。

高校2年生の時、アメリカで同時多発テロが起こった。当時はもちろん衝撃の出来事だったが、世界の事情をよく知らず、エライコッチャ！くらいしか思うことができなかった。

テスト期間に入った。それは数学のテスト。僕は本当に1問もわからず、早々に諦めた。答案用紙の最後に大きめの空白があり、そこに「最近のことについて書いてください」とかなんとか、そんなことが書いてあった。僕はテストを諦めて暇だったため、そこに同時多発テロのことを枠内パンパンに書き込んで提出した。ちょうど父親とその事件についていろいろと話した直後だったので、書くことが楽しかった。

テロ、アメリカ、靖国参拝……その時に思い付く限りのポリティカルトレンドについて一通り書いたと思う。すると後日、テストを出した先生とは別の数学の先生に呼び出され「生徒会に入れ、今度の選挙で副会長に立候補しろ」。そう告げられ、横山光輝先生の『史記』という漫画を渡され、読まされた。何やらテストに書き込んだことが職員室で話題になったようで、生徒会顧問も兼任していたその先生から声がかかったようだった。目的は僕を政治家にすることだったようで、戦略、兵法の話をたくさんされた。

そして先生肝いりの企画である体育祭のディレクションを命じられる。

当時のY高校の体育祭にはなぜか応援団も騎馬戦もなく、小学校の行事かよ!?というような内容であった。なぜこんなにも内容が乏しいのか、先生に尋ねると、理由は「過去にマジのヤンキーが多く、いずれも殺し合いに発展しかけたため」だった。もう10年間も行われていなかったらしい。

（こんなの誰が楽しいんだよ！）と思った僕は、どうすれば応援団や騎馬戦といった体育祭のメインディッシュを復活させられるか、生徒会の仲間と一緒に考えた。体育会系の先生達は本当にヤクザみたいに恐く、極道の事務所に乗り込むくらいの勇気を出してこの件に関して切り込んだ。最初はダメだと弾かれたが、ここをこうすればどうか？　ここまではOKにしてここからここまでは禁止ではどうか?などとぶつかり合う内に先生たちの表情もほころんでいき、なんと想定より多めの予算を獲得。先生達だけの競技まで生まれ、音楽は友人のDJが担当することになった。

本番で、騎馬戦は多少喧嘩っぽくなったものの（女子が髪の毛引っ張りあってた）メチャクチャ盛り上がり、応援団も最初は「ダリー」と言っていたドヤンキー達が踊りまで練習して、スーパー真剣な顔で本番を踊り切った。後日、極道先生たちに「久しぶりに楽しかったよ」と言ってもらえてとても嬉しかったことを覚えている。これも小さいけど僕の中では大きな成功体験。

バンド活動、広い世界

高校を卒業し、歌手になりたかった僕は音楽の専門学校へと進学した。とても楽しい日々だったがとてもクズな2年間の過ごし方でもあった。

親のお金で入れてもらったのにもかかわらず学校にはあまり行かず、暴飲暴食、友達の紹介で入ったアルバイト先をブッチ切るなど、今になって世界に謝罪したいくらいだ。

しかしこの時にできた友人に見せてもらったレッチリことRED HOT CHILI PEPPERSのライブビデオで衝撃を受け、ロックミュージックが大好きになる。IN THE AFROというバンドを組み、オリジナル曲を作ってたくさんライブ活動を行なっていた。曲も結構よかったと思うし、いろんなボーカルの歌い方に挑戦してスキルを習得し、スーパーボーカルと呼ばれたこともあった。が、商業的に売れることはなく終焉(しゅうえん)を迎える。

この時は気がつかなかったが、音楽も商売である。マーケティング戦略も超重要だし、客を持つ人やバンドを狙って積極的に関係していくなど強か(したた)さを持っているバンドもあった。そしてそういう努力をしている人達は人気だった。その頃の僕は、良い音楽をやりさえすれば「誰かが気づいてくれる」。そんな甘い幻想に囚われていた。

バンド活動をしている頃、アルバイトで建築現場に入っていた。大手のゼネコンが仕切る大きなマンションなどが中心で、大工さんが使用する建材を部屋ごとに運びこむ、通称「荷揚げ屋」と呼ばれる、現場で扱いは下の下の仕事。現場監督達は超上から目線で怒鳴りながら指示を出す。建築現場はヤンキーの巣窟。丁寧で優しい人と出会うのはツチノコを探すくらい難しかった。

荷揚げ屋さんは超ハードな仕事。慣れてしまえば良い運動になる。僕のボディはみるみる小さくなり、78キロあった体重は半年経つ頃には61キロまで減っていた。そんな毎日筋トレみたいな仕事は、1日どころか半日で逃げ出す人もたくさんいるくらい過酷だ。

僕のいた会社の人たちは全員ゴリラか熊みたいな人だった。最初は恐かったけど、慣れるとみんな本当に面白くていい人ばかり。プライベートでも遊ぶようになって、たまにはライブにも来てくれたり、スノーボードや時には風俗にも連れて行ってくれたりした。本当に楽しい職場でメチャクチャ気に入ってたけど、4年経つ頃、社長が会社をたたむと言い、職を失うことになった。

次はどうしようかなと悩んでいると荷揚げ屋さんで1年ほど一緒に働いたコミネムくんというおしゃれで熱い人が「ウチの串焼き屋さんで働いてみる?」と誘ってくれた。早速、面接をしてもらい無事合格、働かせてもらうことになった。そしてそこでの経験が後の人生に大きな影響を与えることになる。

話は建築現場で働いている時あたりに戻る。

その頃のSNSといえばMｉｘｉ（ミクシィ）、僕も例に漏れず登録し、日々眺めていた。ミクシィは僕の世界を拡げてくれる。いろんな愛好家たちのコミュニティを覗くことができ、今でいうネトウヨや左翼、宮沢賢治が好きな人、あらゆるジャンルの音楽ファンたちが綴る言葉を追いかけていた。

そんな中で一際目立つアカウントを発見する。その人はいろんなコミュニティで「決めつけたワード」を書き込む人に対して、真っ向から喧嘩を売るようなコメントを残していた。知識の薄い僕には真実はわからないが、その人の言葉や意見の方が大多数よりも断然深みがあり、僕はその人の言葉や哲学に惹かれていった。

ある時、これは僕にもわかるぞ、と思えた書き込みに対し賛同意見を述べた。

するとその人が異常に食い付いてきた。僕のアカウント名は「ティック・クアン・ドゥック」というベトナム戦争の決着に大きな影響を与えたとされるお坊さんの名前だった。RAGE AGAINST THE MACHINEというアメリカのバンドのファーストアルバムのジャケットに使用されている焼身自殺（焼身供養）をする彼の姿に衝撃を受けてその名を借りていたのだ。僕がミクシィのその人の書き込みにコメントを残した時、ちょうどその人はティック・クアン・ドゥックにまつわる本、『焼身』を読んだ直後だったらしく、何かを感じて僕のことがとても気になったそうで、それからしょっちゅう連絡を取り合うようになった。するとなんと福岡に住んでいることが判明し、会うことになった。

年齢は50過ぎ、自称思想家。エネルギーに満ち溢れる彼のバイブスや言葉に僕は正直気圧（けお）された。若い頃は物書きで、一つ仕事をこなせば１００万円もらうような立場にいたらしい。ある日、パソコンに打ち込む作業が言葉よりも速くなってしまったことに気がついて違和感を抱き、一度物書きから離れようと思い、３００万円を持って夫婦で世界を放浪しに行ったそうだ。その彼の世界での経験の話はまるで漫画『ワンピース』のように刺激的で魅惑的で、いくら聞いても飽きることはなかった。

それは何度目かに、彼の家に招かれた時のこと。福岡の某所、海の近くにある小さなアパートで、無駄なモノが一切なく、ボロ屋なのにきれいに整頓され、掃除が行き届いており神聖な空気感さえ感じた。談話し、パイナップルに割箸を刺し冷やし固めただけの「自家製アイス」をいただく。

突然彼がふすまを開けると、そこには大麻が凛と立っていた。僕は見るのも初めて。怖かったが、なぜか世の価値観より彼の言葉のほうが輝いて見えたし、そんな彼が教えてくれる世界をもっと知りたいと心から思った。彼はさらに「いいものを見せてやろう」、そう言うと1枚の絵を差し出した。曼荼羅（まんだら）だ。しかも自分で描いた物だという。今の感覚で捉えてもとてもクオリティが高かった。僕は初めて見る曼荼羅の世界に溶け込み、この世界には正解や答えはなく、果てしなく広いと知る小さな小さな入口に気がついた。

そして話は戻る。

そこは博多区の端っこにある串焼き屋さん。独自の配合のジューシーな大き目のつくねが売りで、フォアグラやラムなど変わった商品も扱う少し高級なコンセプト。コミネムくん指導の下、肉の下処理や串に刺す作業、接客の仕方、商売のいろんなことを学ばせてもらった。

コミネムくんも独自の世界を持っており、彼もまた僕にたくさんの大切なことを教えてくれた。イケメンで、おしゃれで、よく喋り、クラブにも連れて行ってくれたり、いろんな仲間を紹介してくれたりした。仕事も丁寧に教えてくれたおかげで焼き場にも早くつかせてもらえた。焼き場はカウンターになっており、客の話が全部聞こえてくる。あらゆる人間模様を垣間見、社会の縮図を見ているようだった。

楽しい日々を過ごしていたある日、ナマコが仕入れられてきた。そのナマコはまだ生きている。それまで絞められた魚や鶏などを捌くことはあったが、生きたモノを絞めるという経験はしたことがなかった。

いつもの通り、上司に教えてもらいながら捌く。その手捌きを見ながら真似をし、右手の柳刃包丁をスッと腹に差し込み手前に引いた。するとそれまでおとなしかったナマコが抗いだし、身が固くなり、どろりと内臓が出てきた。

その瞬間、僕の体がまな板の上に乗っていて、腹を捌かれたような感覚に陥ってしまった。

僕はナマコを生物としてナメていた。「殺す」という覚悟をせずに殺してしまったが故に、殺した感覚がモロに心に雪崩れ込んだのだ。僕は具合が悪くなった。調理を続ける間、殺した瞬間の感覚が頭を離れなかった。

あの時読んだ『寄生獣』や、豚カツを食べる時に湧いた疑問、ベジタリアンの存在など、それまでの思いとこの体験がオーバーラップし強いショックを受けたのだ。そこからひと月ほど悩み続けた。毎日このことが頭を離れることはなかった。

ヴィーガンとして暮らす

「肉・魚を食べない」という生活ができるか考えた時、一番悩んだのは人間関係だった。自分一人なら、野菜だけで料理したり、特別な注文も受けてくれそうなお店を選んだりすればいいこと。でも友達や家族と食事に行くときなど、迷惑をかけたり気を使わせたりすることもあるんじゃないか。アレルギーというわけでもないんだし、他人から見れば好き嫌いの激しいわがままなやつじゃないのか。本当に肉や魚への未練ではなく、コミュニケーションの部分で迷いがあった。

考え続けた結論は「やりきらないとわからないし、やりきってしまえばどうにかなる」。それしかなかった。

コミネムくんや職場の方々に相談し、僕は肉や魚を食べない生活を実行することにした。なんと店のみんなはそのことを認めてくれて、まかないも気合が入った料理を作ってくれた。とても嬉しかった。踏み切ってしまえば、疑っていた人達みんなが味方になってくれた。

それから僕は肉、魚、それらの出汁（だし）を避けて過ごした。どんな感覚か説明すると「食べたくないモノ」という認識だ。嫌なたとえになるが、大多数の日本人は犬や猫を食べようと思わないだろう。それと同じことだ。

いろんな呼び方があるが、思想を抽出してあえてカテゴライズするなら「ベジタリアン」に当てはまると思う。

僕はヴィーガンやベジタリアンに関して調べるようになった。完璧を求める人は魚が触れるため海藻も食べないし、蜂蜜も摂らない。革製品も身に付けない。ベジタリアンという概念はいくつかの階層に分けられていて、動物性を一切忌避するヴィーガン、乳製品は食べるラクトベジタリアン、魚は食べるペスクタリアンなど、他にも宗教絡みのモノまで分けられている。

僕にとっては卵は割れるし、牛乳も搾れる。だから食べられる。動物性だから忌避しているわけではなかった。

いろんなヴィーガンを名乗る人のブログや著名人の記事などを読み漁っていた。ひと口にヴィーガンといっても、健康のためという人、動物愛護のためという人など様々な選択の理由があるようだった。中には動物性のモノを食べる人を攻撃するような過激派も存在する。いずれも何か一つの答えがあるような物言いの人が多く、誰かの決めた〝基準〟に沿うことが心地良い人にとっての「ヴィーガン」という言葉はまるで宗教のようだった。

そして僕はというと、そういったすべてが「どっちでもいい」ことだった。

説明するのに便利なのでカテゴライズとしてヴィーガン、ベジタリアンという言葉を使っていた。言葉が生む枠組みのようなモノが先行しがちなこの世界では認識の偏りを生み、それが対立を生んでいた。

だけど僕が、いわゆるビーントゥバーチョコレートのシーンにいち早く気づけたのは「カカオ豆と砂糖だけ」というところにヴィーガン的視点があったからだ。やはりしっかり繋がっていて、選択し、大きく踏み出したことによって未来が大きく変わったのだ。

チョコレート最強語録
この言葉、好き？嫌い？

1

A．嫌い

ヴィーガン【vegan】

はっきり区分けすることにどんな意味があるのかな?と考えた時に、「他者に認識してもらいやすい」ということ以外にメリットを感じたことがない言葉。

言葉にすることによって独りよがりで自己中心な主張に感じやすいし、過激派の存在によって分断を生みやすくもなっている。「VEGAN」という言葉が「哲学としての普及」を遅らせる要因になっている……そんな気がする！

尾道の街にやってきた

尾道、アッパーなバイブスの街

肉を食べなくなって、働かせてもらっていた串焼き屋さんにもいづらくなった。味見もできない者が焼いた焼鳥を誰が食べたいだろうか？　その旨を伝え、串焼き屋を辞めることになった。そんな僕に職場のみんなは送別会を開いてくれて、気持ちよく送り出してくれた。

さて、やりたいことがあるわけでもない。どうしようか考えていた。

福岡はとても良いところで、ご飯は安くて美味しいし、街に行けばなんでもあるし、居心地が最高に良い。

ただ、こうも思っていた。毎日が繰り返し。働いて、家賃を払って、たまにクラブで遊んで……。おれの人生ってこんなもんなの？　漫画で見たような刺激的な出来事なんか起こらず、この街で暮らしてこの街で死ぬの？

僕はゾッとした。瞬間、思想家の彼の話を思いだした。

そうだよ、世界は広いんだよ、まだ知らない世界を見てみたい。このまま死ぬなんて絶対に嫌だ！

そう思った僕は、放浪することを決意した。漫画『ゴールデンボーイ』の主人公が、車やバイクではなく、自転車で旅をする理由は「自力じゃないと意味がないから」だ。速度が速すぎて、世界のほとんどを見逃すからだ。僕は串焼き屋さんの最後の給料15万円を持ち、ナショナルのロードバイクに乗って福岡を飛び出した。

当初、3ヶ月ほどで福岡に帰ろうとも思っていた。まず目指すは岩手。宮沢賢治に憧れて、だ。そして中国に渡りチベットに行くことを最終的な目的にしていた。チベットを目的地に設定したことにたいした理由はない。当時の僕にとって未知なる世界の最たるモノだったからかもしれない。

福岡を出て初めは熊本の阿蘇へ向かった（阿蘇での体験も深すぎるほど深いが長くなっちゃうから割愛）。山を越えて大分、フェリーに乗り愛媛の松山へ。このフェリー、大浴場もついていて最高だったけど今はもうこの路線がなくなってしまった。松山では初めてゲストハウスを体験。楽しすぎて四日間がアッという間に過ぎてしまった。そしてしまなみ海道を渡り、ここで広島県尾道市へ入る。

当時、尾道のことは何も知らなかった。たまたま隣町の福山に地元の友人が住んでいて連絡をとって泊めてもらうことになっていたが、予定の時間までだいぶ間があった。だからなんとなく尾道という字面が気になって尾道方面へと舵を切ったのだった。

橋を降り、海岸通りを真っすぐに走った。初めて通る尾道の街は日曜の昼間ということもあってかとてもキラキラと輝くアッパーなバイブスで溢れていた。

僕はその頃、面白いスポットに「妖気」が見えることがあった。その場所がぼわ〜っと輝いて見えるのだ(ちなみに、いわゆる霊感は皆無)。ここまでの旅でも、妖気が見えるところに積極的に行っていた。

そして尾道でも、やっぱり妖気が見えた。今はその妖気のことをバイブスと表現している。

それまで熊本、大分、松山、高知などいろいろなところに行った。それぞれの街のいろんな印象を感じてきた。その経験を踏襲した状態で尾道に辿り着いた。

「この街には絶対面白いことがあるぞ!」

尾道のバイブスはそれまで通ってきたどの街より圧倒的だった。

自転車で街を流していると、ある細い路地から妖気を感じる。「ここだ!」と入ってみると、とても素敵な雑貨屋さんと、その店を運営する女性と出会った。僕の感覚は冴え渡っていると確信した。

少し話をして「美味しいコーヒー屋さんはありませんか?」と尋ねると「ハライソ」という喫茶店をおすすめしてもらう。お礼を告げ早速そこへコーヒーを飲みに行くと、本当にとてもカッコいいお店。マスターは吉崎さんといってまだ若いが渋く、特別な雰囲気をまとっている。カウンターに座りコーヒーを頼む。出てきたのはデミタスカップに入った濃いコーヒー。ネルドリップという言葉を初めて聞いた。コーヒーはとても甘く、その美味しさに感動した。

そのまま話をしているとバタバタと女性が入ってきて、「30分後に始まるワークショップのフライヤーです！」とチラシを置いて行った。（30分後のワークショップのフライヤーを今!?）と思っていると、その日に初めて会ったハライソのマスターが僕に「そこに参加してきなさい」と言った。流れに任せ、すぐに現場に向かうことにした。彼は、後にもこうして僕を導いてくれることになる尾道のキーパーソンだ。

到着するとそこはお寺所有の施設を改装し、「アーティストインレジデンス」（アーティストが一定期間、その地域で生活をしながら制作をする試み）としてイベントが開催されている所だった。その日はコンテンポラリーダンサーと現代アーティスト主体で、ダンスの瞬間を切りとって描くクロッキーアートのワークショップが行われていた。僕はそこに参加し、初めての体験に刺激を受けた。その企画を主催している三上さんと出会った。

三上さんは東京芸術大学出身で、ユニットのパートナーである小野さんが先に尾道大学の美術科の先生として尾道に住み始め、小野さんに呼ばれる形で三上さんも移住していた。尾道アーティストインレジデンスを開催し、3年目という時だった。

ワークショップが終わったあと三上さんから声をかけられる。

「これからどうするの？」

隣町の福山に行って友人と会う約束があると伝えると、「急いでなければ2、3日尾道で遊んで行きなよ」と言われ、僕は福山で友人に会い1泊させてもらい、次の日またすぐに尾道に戻った。

2、3日。本当に2、3日のつもりだった。そこから2ヶ月、尾道に滞在することになる。

いったん、尾道の外に出る

尾道は楽し過ぎるほどに楽しかった。だけど、世界は広い。放浪の旅が終わったわけではない。2ヶ月後、旅を再開し、次は岡山に向かった。

岡山では福岡時代の友人を通じて知り合った人を訪ねた。彼女と二人暮らしの一軒家に転がり込む。泊めてもらう代わりに毎日食事を作った。2週間が経つ頃、二人が旅行で金沢に行くから一緒に車に乗って行くか？と言ってくれたので、同行させてもらった。

金沢の帰りに大阪で降ろしてもらう。二人と別れ、今度は妹の家に居候させてもらうことになっていた。

妹は有名なお菓子屋さんでパティシエとして働いていた。朝は6時半には家を出て、夜は早くても23時を過ぎて帰ってくる、そんな生活をしていた。

ある程度長く大阪に滞在するつもりだった僕は、カンテグランデというカレー屋さんでアルバイトをすることになった。

大阪がどんなところかもっと知りたかったし、友人もたくさんできた。妹のところに居候しているので家賃も必要なく、結果的に大阪で半年を過ごした。

すごく楽しい日々だったけど、その日々を通じて、大阪は僕にとって特別な場所ではないと思った。何不自由ないし、興味深いことはたくさんあったけど、僕の中で尾道での日々がどんどん大きくなっていった。


そんな尾道が忘れられずにいた頃、三上さんから連絡があった。アーティストインレジデンスで、鳥取の鹿野という田舎町に1ヶ月間3人の女性が滞在するから、スタッフとして食事作りや身の周りの世話を僕に頼みたいとのことだった。また楽しそうなことを僕にくれるなぁ。僕は二つ返事で行くことを伝えた。

鹿野ではアーティストのお手伝いさんとしての参加だったが、思ってもみないようなイベントが目白押しでとても驚いた。鹿野はとてもきれいな町だ。町の人達も町を愛し、大切にしていることが僕にもわかった。

そんな静かな町に、廃校になった小学校を改装したトリノ劇場という劇場があり、劇団もあった。そこにその時、特別に本場インドネシアのケチャの団体がやってきて演者として参加させてもらったこともあった。アーティストインレジデンスにも興味ある人が集い賑わっていた。

それらを通じて僕にもいろんな人との出会いがあった。その中でも鳥取市内で若くしてカフェバーを経営するノッポくんとの出会いがある。彼は僕と同じ年でその当時27歳、同じ町のアーバンなパン屋さんのプロデュースを行なうなど、才能溢れる人物だ。

出会った時、僕の礼儀を欠く行動に怒っていたノッポくん。だけど話をする内に興味を抱いてくれたようだ。アーバンなパン屋の巨漢のオーナーと相撲を取ることになり、それに本気で挑む僕の姿を見た彼は溜飲を下げ、そこから初めて対話をし、僕たちは親友になった。

そして空き家を改装して場を創るという彼のプロジェクトの手伝いをすることになった。僕は廃墟（大袈裟ではなく）に住み込みながら改装を手伝った。初めは窓もなく、埃まみれの部屋の中央に積まれた建材であるベニヤ板をベッドにして過ごした。ノッポくんの先輩の大工さんと作業を進めて行くにつれ住居らしく変化していき、最後には超快適なワンルームへとグレードアップした。その彼と彼のプロジェクトを介し、さらに素敵な出会いが続く。その中でも川口くんと神様（あだ名）という二人とは特に仲良くなり、ノッポくん含め毎日一緒に遊んだ。ノッポくんはたくさんの出会いを、川口くんと神様（あだ名）はアートを僕に与えてくれた。

この時、２０１０年10月。

鳥取に行ってから3ヶ月程経ち、三上さんから「そろそろ尾道に戻っておいでよ」と連絡があった。鳥取が楽し過ぎるほどに楽しかったので名残惜しかったが、尾道に何か残したままのような気がして、戻ることに決めた。鳥取のみんなは尾道へ行くという僕に手描きの絵や発酵途中のパン生地（頭おかしいやろ）などプレゼントしてくれた。ノッポくん、川口くん、神様（あだ名）の3人で車で尾道まで送ってくれ、尾道の町で最後のひと時を過ごした。ノッポくんの車の後部座席に載せられていたパン生地は発酵し過ぎて膨らみまくり、あたりをベトベトにしていた。

さて、久しぶりの尾道。僕にとって尾道の父である三上さんを訪ねると、歓迎ムードで出迎えてくれた。そして「アルバイト先も見つけといたから電話して面接の日程を聞いてみて！」という。なんと三上さんは僕のアルバイト先を（勝手に）決めてくれていたのだ。

「戸惑いながらもすぐに電話をかけると面接の日が決まった。そこは「やまねこカフェ」という尾道でも人気のカフェだった。

やまねこカフェは「やまねこランチ」や「おやさいランチ」など、定食スタイルのカフェ。地元の人から観光客まで幅広い人気を得ているおしゃれな場所。その時の僕はガチガチのヴィーガンスタイルで料理はおろか、カフェラテの味見すらできない。面接の時にその旨を正直に伝えた。面接官、当時店長であったさっちゃんも「うーん、どうしようかね……」と、さすがに悩んでいた。採用する側にとっては先行きの見えない不安な人材という一面もあると思う。でもその時、さっちゃんの上司であったヨッサンが逆にそのことを面白がってくれて、無事働けることになった。

このやまねこカフェで働くことがまた、未来を大きく変えることになる。

同じ働くなら、楽しくやったほうがいい

やまねこカフェで働きはじめて1週間ほど経った頃、正直、僕は全然やる気がなかった。

そもそも働くことから脱却したくて放浪したはずだったのに、また働き始めてしまった。与えられた仕事は主に接客。母体が尾道でも大きく展開する居酒屋ということもあり、意外にもやまねこカフェはサービス力がとても高いお店だった（カフェって、クールな店員さんばっかりなイメージだった……）。

サービスをキチンとやるのは初めての経験。穿った見方しかできなかった僕は先輩や上司のお客さまをもてなそうとする一生懸命な姿が、媚びへつらうようにしか見えていなかった。（その姿を模倣するのはダサイ、おれはクールにいくぞ）なんて思っていた。ある日、そんな僕の様子をずっとよく思っていなかったのだろうヨッサンに外に呼び出された。

「真也くん、今の真也くんにはお給料はあげれん、真也くんは仕事をしとらんけん。もう少し頑張ってみて」。

意味がわからなかった。だって言われたことはキチンとこなして、皿も洗って、オーダー取って、配膳して、働いてるやん。給料は当然もらう権利があるやろ⁉　なんで説教されないといけないんだよ！　そう思っていた。

当然、改善することはなく、そのままのスタンスで変わらず働いた。そしてある日、一人の酔っ払いの客が来た。ベロベロだ。今から10人で来るというが、本当かどうかも怪しいくらい酔っていた。僕は適当にあしらった。その様子をみたヨッサンが僕の代わりに話を聞き、とても丁寧に対応し、結果10人の客が入り、生ビールがたくさんでた。僕はこの時点でもなお（このタイミングでバタバタさせられて最悪だぜ）なんて思っていた。

直後、ヨッサンが「来い！」と怒鳴った。「お前マジふざけんな！　お前がこの店の空気を悪くしとんじゃ！　気づけ！　わかれよ！　どうするか考えろ！」。

メチャメチャに怒られた。ショックだった。自分でどうしても働きたいと思った店でもないし、お金を稼ぐ以外の目的を持っていなかった。紹介してもらって流れで決まっただけ。頑張ってここで何かを得ようという気持ちもない。「仕事を終わらせて早く帰りたい」。そんなことばかり考えていた。そういった気持ちは自分が思ってるよりも他人に伝わりやすいものだ。ヨッサンはその姿勢に、バキバキに怒ったのだった。

その日、仕事を終え海岸通りの海辺に座り、夜の綺麗なオレンジ色の灯りを見ながらその出来事についてたくさん考えた。

最初は時給が安いこと、労働時間が長いこと、キチンと教えてもらっていないことなど、納得がいかない理由ばかりが浮かんだ。

でも、しばらくしてその思考のダサさに気がついた。反省せず、言いわけを探し、自身を正当化し守ろうとしていた。だけど長考する内に心にこう浮かんできた。

このまま怒られっぱなしは嫌だ！　絶対に評価を変えてみせる！

僕は立ち上がり、家に帰ると漫画『バンビーノ』の1巻から4巻をすぐに読み直し、働くことへの意欲、そして意味をもう一度考え、バイブスをブーストした。

働くってなんだろう。お金をたくさん稼ぎたいと思っているわけじゃないけど、やっぱりお金はあったほうがいい。当時、時給780円。安いなと思う。だけどそれによって「それなりの仕事をしよう」なんて思っていたら成長はなく、怒られた時点のままの自分で未来に進むことになってしまう。「同じように働くなら、踊らにゃ損、楽しくやってみよう。目線を変えてみるんだ。せっかく仕事してるんなら仕方なくやるより認められたいし、楽しくする方法を探して現実を楽しくしたい！」と思った。

次の日、心を入れ替えて仕事に臨んだ。どんな細かいことにも喜びを得られるように頭の中で変換しながら接客する。ドリンクを作る、配膳する、元気だけどうるさくないような発声をする、意識し始めると見える課題がたくさんあることに気がついてそれをクリアしていくように労働できた。するとまたヨッサンに呼び出された。（また怒られるのかな？）と不安な気持ちでいる僕にヨッサンは「真也くん、昨日と全然違う、急成長！　どうしたの？」と言ってくれた。その時、僕はめちゃくちゃ嬉しかった。

「あのまま怒られっぱなしの自分でいることが嫌で、一晩考えてきました」という僕にヨッサンは「ありがとう」と答えた。

この時、「世界は自分が創っている」ということの片鱗(へんりん)を感じた。働くことが一気に楽しくなった。

コーヒーとサービス

僕は、コーヒーが好きだ。串焼き屋で働いていた頃、仕事が終わるのがだいたい夜中の1時頃。そこから家までの間にあった、「manucoffee」という夜中まで開いているコーヒースタンドによく立ち寄った。

平日は朝の3時、週末はなんと5時まで営業していた。ピストバイクやスケボーに乗って出勤するみたいなストリートっぽさがあって、独特な雰囲気で、コーヒーの味も美味しい。

僕は毎日のように通って、いろいろな産地の品質の高いコーヒーをたくさん飲み、文化的にも、味も、コーヒーが大好きになっていった。その当時は少なかったスペシャルティコーヒーだけを扱うお店だったのに、ストーリーを語る表記はない。だけどカウンターでコーヒーを飲みながら疑問に思ったことを質問するとバリスタの方は丁寧に教えてくれた。中洲で働くお姉さんや音楽をやっている人など、いろんな人が集うお店だった。manucoffeeからたくさんの刺激と知識を得て、僕の人生は大きく影響を受けた。

そのことがあり、やまねこカフェの中でもコーヒーの提供に力を注いでいった。

大好きな雑誌に『料理通信』がある。そこからたくさんのことを学んでどんどん参考にし、デザートの盛り付けもたくさん考えた。考えるのはとても楽しかった。ラテアートも取り入れようと日夜動画を見まくり研究し、カフェで実践し、ラテは飲めない自分の代わりにヨッサンに毎日飲んでもらって「美味しい」を追求した。きれいで美味しいラテを提供できて「わーっ！」と喜ばれるようになった時、一生懸命働くことの楽しさ、成長していくことの喜びを体感した。

そしてある日、やまねこカフェで働きたいと面接を受けにきた人が、僕のサービスに感動して自分もここで働きたいと思ったと言ってくれた時、頑張ってよかった、と心の底から喜んだ。

問題もたくさん起こしたし、迷惑もかけたけど、ここ、やまねこカフェで働いた時間は確実に僕を変化させた。

そしてこの頃、僕は妻と出会い恋に落ち、子どもができた。名前は「潮（うしお）」ちゃん、女の子だ。朝日が昇るキラキラした海を潮と表現するそうだ。海の町で朝日のように明るい人に育つといいなと願って命名した。

チョコレート最強語録
この言葉、好き？嫌い？

2

A. 好き

移住【migration】

今ある環境を大きく変えたいと思っている人にとって生活環境をガラッと変えることのできる簡単な方法。

実際、僕も福岡を出たことで今まで気づけなかった価値観が見えたり、新たな出会いによって視える世界のレンジが広がったり、圧倒的に人生が楽しくなったと思っている。

3

A. 嫌い

町おこし【machi-okoshi】

正直、これをやろうとしてうまくいったのを見たことがない。

税金を使うなら行政は黙って事業者支援を行なって、商売を始めやすい環境を整えるだけで、町は活性化すると思う。

そのチョコレート、溢れるアドレナリン

やまねこカフェの上司であったヨッサンがごく初期から「真也くんは自分の仕事を創るのがよさそうじゃね」と言っていた。

ヨッサンから見た僕は独特で、独立するのに向いてると感じたらしい。独立……。何かやりたいことがあるわけじゃなかったし、いくら考えても自分で会社を興すなんて想像もつかなかった。だけど何かやるんなら日本で一番、世界でも注目されるようなことがやりたいな、そう思っていた。ヨッサンの言葉が僕の頭の中に刺さりっぱなしになっていた。

そんなことを考えながらやまねこカフェで働き始めて1年ほど経った頃、愛読していた『料理通信』にある記事が掲載されているのを見た。

それはアメリカの「Must Brothers Chocolate（マストブラザーズチョコレート）」について書かれたモノだった。

当時、チョコレートといえばやはりヨーロッパで、あらゆる場所や記事で目にするモノはすべてヨーロピアンなデザインばかり。ショコラティエはコックコートで腕組みをし、高いコック帽を被って写真に写っているのがステレオタイプ。その選ばれし者のような敷居の高さを、当時の僕は毛嫌いしていた。

そんな時に僕の目に飛び込んできたマストブラザーズの記事は全然違う雰囲気で、ヒゲモジャでネルシャツにエプロン姿の二人がレンガ造りの建物の前でカカオ豆の入った麻袋と一緒に立っている写真だった。まるでmanucoffeeのようなバイブスに僕は一発で魅了された。カッコイイ!!!

チョコレートのジャケットも、店内の設備も、ロゴも、何もかもかっこよくて、活字が苦手な僕がその記事だけは一生懸命に読んだ。そしてそこには「カカオ豆と砂糖のみで作られている」との一文が。おれも食べられるやん!と興奮した。さらに産地別で味わうシングルオリジンチョコレートとも書かれている。すぐにネットで探したけれど買えるところはなかった。

今でこそ「ビーントゥバー（豆から板まで）」チョコレートともてはやされるようになったけど、当時は「クラフトチョコレート」と表現されていて、まだビーントゥバーとは呼ばれていなかった。

そんな超レアなマストブラザーズのチョコレート。何がなんでも食べたい!と強く思っていたある時、なんと地元の隣町である久留米にあるおしゃれなお店、ペルシカで似たようなチョコレートを発見した。２００９年頃から、小規模なチョコレートのメーカーが同時多発的にできていたようで、そのチョコレートはそのうちの一つであるサンフランシスコのダンデライオンチョコレートのモノだった。このチョコレートの包装紙もめちゃくちゃかっこよくて、ずっと取っておいたくらいだ。産地はマダガスカルとベネズエラ。

１枚１２６０円。貧乏だったけど2枚買った。

正直、味に期待はしていなかった。まずはマダガスカルをひとかけら口に入れ少しずつ舐めとかすと、ジューシーな果実感のある酸味がどんどん出てきて香りが口の中いっぱいに立ち込めた。本当にその美味しさにびっくりし、ベネズエラはどうか⁉︎とまた口に入れると今度は上質なミルクチョコレートのようでその味と香りの余韻が長く僕の中を支配した。感動した。その瞬間思った。

「これだ！　僕がやるのはチョコレート屋さんだ！　今ならまだ日本で目立った人もいない。大変だから立ち上げる人も少ないだろう。ハードルが高い分、台頭できる！」。

アドレナリンがぶわっと出て身体と頭が熱くなった。

その感動を伝えようと隣にいた母にも食べさせたら、感想は「苦い。酸っぱい。美味しくない」だった。シングルオリジンコーヒーを日々飲んでいた僕は酸味や絶妙な甘さの加減の価値に気がつけたが、チョコレートは滑らかで甘いモノという固定観念がある者にとっては、その全然違う味を受け入れられないんだと悟った。

尾道に帰り、パイプス満タンの状態でいろんな人に「チョコレート工場をやりたい！」と話すと、「え？　なんでいまさらチョコレート？」「続けていけるの？」など否定的な意見ばかりが返ってきた。

その反応を受け「この価値に僕しか気づいてない！！」とさらにアドレナリンが噴出し、ますますやってみたい気持ちが高まっていった。

早速、やまねこカフェに「辞めてチョコレート工場で独立したい」と伝えた。するとヨッサンに「石の上にも3年というし、3年はウチで働いてみたら？　準備もあるだろうし、3年という期間に何か意味があると思うよ」という意見をもらった。

わかったような、わからないような。だけど確かに資金もない、場所も探さないといけない。僕はヨッサンのアドバイスに従い、働きながら計画を詰めていくことにした。

その3年には、本当に意味があった。まず元手となる資金を貯めることができた。そして仲間になる人物が移住してきた。さらには重要な拠点となる物件の情報が出てくるなど、店を立ち上げる条件が一つ一つ満たされていった。ウシオチョコラトルで大切にしている「3」という数字に意味があるように思えたのも、それがきっかけかもしれない。

そして3年。改めて、働いていたカフェの店長と上司に決意表明をし、2013年の10月には開業に向けて動き始めた。必要なものは人と、場所。

すでに人の目星はついていた。何かを成し遂げようと熱いバイブスを放っていて、かつ、まだどこにも属していなかった二人、やっさんとあっくんである。

仲間が揃う

やっさんは、夫婦で小さなカフェを営んでいた。それだけでは生計を立てられず、ほとんど経営は妻が行なっており、彼はドラッグストアなどでアルバイトをしていた。

その頃は「食」のことなんて全然興味なかった彼にコーヒーの魅力を伝え、お金を取って提供するならとクオリティを上げるために必要なアドバイスをするとすぐに行動に移し、数週間後には知らぬ間に焙煎までするようになっていた。

その姿を見て僕は「ハマったらとことん追求する人間なんだ」と惹かれた。やっさんをチョコレート事業に誘うと「いいよ、やりたい」と二つ返事でOKをくれた。

あっくん、彼はとんでもないエネルギーを持ち、生まれついてのエンターテイナー。映画や文学が大好きで、移住してきたばかりなのに尾道で彼を知らない者はいないほど魅力を持った人間だった。

彼を仲間に入れたい。そう思っていたある日、稲刈りのイベントで初めてしっかり話をする機会が訪れた。何気ない会話の中、勇気を出して「チョコレート工場立ち上げようと思ってて、あっくん一緒にやらない?」と誘った。ドキドキ。しかし「いいね〜。でもやることあんねん」と断られてしまった。

その頃、結婚したばかりの彼は就職先を探していてすでにいくつか面接も決まっているとのことだった。すごく残念に思っていたまた別の日、突然彼からメールが送られてくる。

「チョコレート屋さん、やらせてくれませんか?」

喜んでOKの連絡を入れた。就職活動はどうなったのかと尋ねるとすべての面接に落ち途方にくれていたとのことだった。すこ〜しだけ不安になった。

こうして3人が揃った。

チョコレート業を始めるにあたって考えたことの一つに、「同時多発的に出てくるであろうほかのチョコレート屋さんとの差別化」があった。ブランディングだ。

チョコレートに限らず、アメリカで流行が起こった5年後くらいに日本でも流行が起こっているような気がするな、と感じていた。

2011年、クラフトチョコレートの記事が僕の目に入ったということは、5年後、2016年のバレンタインデーまでに、大手を含む日本のお菓子業界がクラフトチョコレートを流行らせようとするだろう、業者も乱立するかもしれない。ということは「クラフトチョコレート」「ビーントゥバーチョコレート」というだけで勝負しても目立たない。それを見越していくつかの差別化するポイントを考えた。

尾道で開業するということ。時期は2015年のバレンタインの前。流行は東京・大阪で始まるのが当たり前というイメージを拭い去り、地方から発信して注目してもらう。そしてチョコレートに関する道具に既製品は使用しないこと。モールド（型）など、チョコレートの形を他にないものにすること。屋号を和名にすること。最初に台頭するのはおそらく英名のメーカーだと考えた。

そして「3、6、9」という数字にこだわること。3人で始めるのだし、3の倍数を大切にしようと思った。最初に扱うチョコレートの産地は6ヶ所にする、卸の営業を3ヶ所にだけかける、などみんなで考え、それぞれの家族も巻き込みノートいっぱいにアイデアを書き込んでいった。あとは具現化させていくだけだ。

目指すはダイレクトトレード

そしてもう一つ、創業当初からダイレクトトレードを行なうこと。

ダイレクトトレードを叶えるために、まずはカカオ豆の産地の情報を得る必要がある。自分で調べながら、その頃はいろんな人にカカオ豆の話、ダイレクトトレードの話をしていた。

調べて僕が知っていた産地は、やはり有名なガーナ、そしてコートジボワールなどのアフリカ各国。ブラジル、ベネズエラ。アジアではインドネシアのスラウェシ島、タイでも少し。それくらいだった。

そんな頃、尾道の喫茶店「ハライソ」のマスター、吉崎さんから連絡があった。吉崎さんはアーティストのような雰囲気で、ハライソはよく音楽のイベントを開催して面白い音楽家やアーティストとの出会いの場になっていた。尾道のカルチャー発信基地だ。そんな彼が会うなり「君はグアテマラに行きなさい」と言う。

曰く、お店のお客さんにグアテマラに住んでいる人がいて、たまたま一時帰国して遊びに来ていたからカカオがあるのか聞いたら「あるよ！」と答えたと言う。

僕のことを話したら「ウェルカムだよ！」と言ってくれているそうだった。これはすごい巡り合わせだぞ、こんなこと普通起こるか？　自分に運が向いていることを感じた。

インターネットの情報だけを信じて適当に行くよりも、住んでいる知り合いがいるほうがカカオの近くに行ける可能性はより高いだろう。僕はグアテマラ行きを決めた。一人で海外に行くのはこれが初めてだ。調べるほどに出る治安が悪いという情報に、ドキドキしながらもワクワクが止まらない。

ちょうど同じ頃、尾道のミュージシャンケイキさんから「アメリカから遊びに来ている友達がチョコレートをお土産に持ってきてて、どうもそれが真也くんが言っているチョコレートっぽいんよ。会ってみる?」との連絡をもらった。そして紹介してもらったのがソネット。彼女はかつて尾道に英語の教師として滞在していたらしく、今はコロラド州のデンバーに住んでいて親友がチョコレート工場をやっている。お土産に持ってきたのはそこのチョコレートだということだった。

1枚いただくと、間違いなくあのクラフトチョコレートの味だ。「来るなら案内するよ」と流暢な日本語で言ってくれた。

チョコレートの話をいろいろなところでしてきたことが、いろいろなところで繋がってきた。

僕はグアテマラ行きの前に、デンバーに立ち寄ることに決めた。

日本のチョコレート職人

そして2014年1月、アメリカとグアテマラへの旅を決行する。日本を発つ前にまずは東京へ。東京生活の長かったあっくんに案内してもらい、一緒にいろんなところへ行った。

その中の一つに、中目黒のCACAO WORKSがあった。コーヒー屋さんの中にあるこのお店では、職人の朝日将人さんがすでにクラフトチョコレートを作っていた。そこで初めて朝日さんの作るチョコレートを食べた。

衝撃の美味しさだった。

僕が最初に食べたチョコレートは、そのまんまっていうくらい、ブルーベリーの味がした。もちろんブルーベリーが入っているわけではなく、カカオと砂糖だけで作られている。果実のようなカカオの味がダイレクトに伝わるのだ。

朝日さんは、ひょろっとした体形にスキンヘッド。声はこもっていて、決して愛想のいい人ではない。いつも姿勢がよく、しぐさの一つ一つが丁寧で独特だ。中でもコーヒーのカップを手前に引く時に両手の小指で引きつける仕草が僕のお気に入りだ。

その朝日さんにチョコレート工場を立ち上げることを伝えると、いくつか質問が返ってきた。機材は日本にないがどう手配するのか。チョコレートの型を作るだけで100万円くらいかかることは知っているのか。カカオ豆は国内に流通していないがどうするつもりなのか——。

おそらく、たくさんの人が朝日さんを訪ね、いろいろ聞いて帰り、結局起業しないというようなことがあったのではないかと思う。見極めようとしていた。「本当にやる奴らなのか」を測られていると感じた。

僕らは機材の選定、リスト化をして予算も計画し、借り入れ準備を進めていた。型に関してもオリジナルの型を創ることを決めていた。カカオ豆はこれから（グアテマラに）買い付けに行くところだということを伝えるといろんな話をしてくれた。本気で進めていることが伝わったんだと思う。

朝日さんとはそれからも連絡を取り合い、たくさんのことを教えてもらった。「自分の色に染まらないように」と思ってくれたのか、いつも70パーセントくらいの指導で、「ここから先は自分で」というスタンスで基礎をしっかりと教えてくれた。

初めてのチョコレート工場

三日ほど東京で過ごし、あっくんと別れてアメリカへ向かう。12時間ほどのフライトでデンバー国際空港に到着し、割とスムーズに、尾道で紹介してもらったソネットと合流できた。デンバーの街へ降り立つとそこにはマリファナの香りがたちこめていた。

1月のデンバーはものすごく寒く、雪が積もっていた。日本でいうと東北のような感じだろうか。

ソネットにデンバーの案内をしてもらい、デンバーのチョコレート工場「RITUAL CHOCOLATE」へ向かう。

RITUAL CHOCOLATEは２０１０年創業、コロラド州デンバーのチョコレートメーカー。街中から少しだけ離れたところにあるレンガ造りの大きな工場は、めちゃくちゃカッコよかった。元々倉庫だったこともあり中はかなり広く、機器類も充実していてヴィンテージの機器もあった。

ボスのロブとそのパートナーはいい人で、チョコレートの作り方やカカオ豆の市場価格、仕入先まで、なんでも教えてくれた。初めてのチョコレート工場でそれまでにいろいろ調べていたことと教えてもらうことの照合ができ、よりチョコレート作りが身近に感じられた。

二日にわたって色々教えてもらい、最後の日はソネットと夫のクリスがエチオピア料理の店に連れて行ってくれたあと、空港まで送ってくれた。

滞在中、1泊20ドルのドミトリーに宿泊した。そこに集まる人達はバックパッカーが多く、同部屋の二人と仲良くなり拙い英語で会話をしているとデンバーにきた目的は解禁されたばかりのマリファナだということだ。カナダとオーストラリアから来た彼らは僕を街に連れ出してくれた。ものすごく楽しかったが、英語をもっと喋れたらな〜と本当に心から思った。

そしていよいよ、グアテマラに向かう。

チョコレート最強語録

この言葉、好き？嫌い？

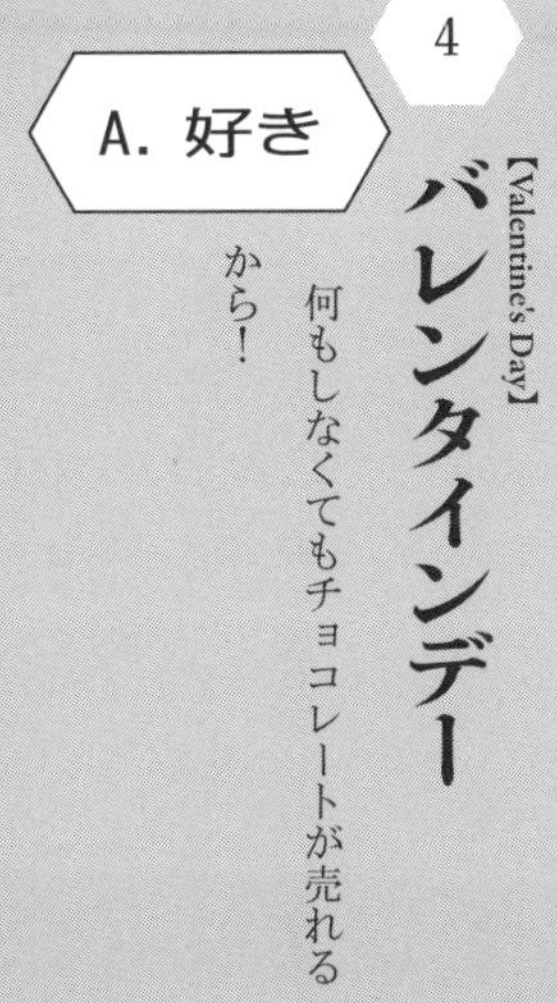

4

A. 好き

【Valentine's Day】

バレンタインデー

何もしなくてもチョコレートが売れるから！

美しい街、アンティグア

デンバーからグアテマラまでは小さな飛行機で5時間ほど。空港に降りるとそこからは英語もほとんど通じず、イミグレーションでもまったく喋れなかった。しかしパスポートで日本人と確認するとすぐに通してもらえた。その後に来た他の国の方はすごく時間がかかっているのを見て、「日本のパスポート」のチカラを実感した。

無事に外に出ると、極寒だったデンバーから一転、常夏の空気。独特のニオイもある。

グアテマラでは中道靖さん夫妻にお世話になる予定。二人は、尾道の喫茶店ハライソで紹介してもらったバックパッカーだ。中道さんからの注意事項がメールで届いていた。「空港からはすぐにシャトルバスに乗ってアンティグアまで行くようにしてね。グアテマラシティに寄ってはダメだよ!」。このような一言一言に、日本との文化の差異を感じていった。

教わったアンティグアへ向かうシャトルバスに乗ると、隣には可愛い女性たちが座っている。目が合い会話してみるとチリからの観光だそうだ。そうか、中南米は広いもんな。

1時間半ほどでアンティグアへ到着する。ここは観光地で、日本人が経営しているというペンション田代へ向かう。田代さんは30年も前にここに移住してきたそうだ。グアテマラはとても物価が安く、ペンションは1泊500円から1000円程度で泊まれる。中南米を旅する人達の多くはまずこのグアテマラに滞在しスペイン語を習得してから南米の他の地域に旅立つそうで、中にはその居心地の良さにそのままその国に住み始める者たちがいるという。人々はそのことを「沈没」と呼んでいた。

アンティグアは世界遺産の街。地面は石畳でデコボコしており、様々なお店がひしめき合っているとても美しい街だ。中南米はスペインの植民地だった影響で、街の真ん中に大きな教会、その前に綺麗な噴水のある公園、そして近くに市場があるスタイルがほとんどだそうだ。ペンション田代にはたくさんの日本人が宿泊していて、そのなかの二人と仲良くなり街をうろうろした。欧米人の旅行者が多く、みんなパソコンを持って遠隔で仕事をしながらカフェなどを渡り歩くノマドワーカースタイル。自由気ままに人生と旅を楽しんでいる。

地震で壊れた大きな建物がそのまま、まるで芸術作品のように鎮座している通りを歩く。すると通りすがりに、ドラッグの売人が「葉っぱ葉っぱ葉っぱ葉っぱ！」と日本語で声をかけてきた。楽しいところだ。そんなところを3人で話しながら歩いて1日を過ごした。あの二人は元気だろうか。

アンティグアで1泊したあと向かったのは、中道夫妻の住むアティトラン湖。世界一美しいと言われる湖で、まわりにたくさんの集落があり、なんと20以上の違う言語の民族が住むという。またシャトルバスで移動する。その時、僕はとてもトイレに行きたくなってきた。言葉がわからなくてずっとモジモジしていたが、とうとう限界を迎えて「セニョール！」と叫んだ。そして大声で「おしっこに行きたい！」とも。もちろん運転手は理解できるわけもなく（うああ、もう限界だぁ）と思ったその時、昨日遊んだ日本人が英語でそのことを伝えてくれた！　しかし、運転手は英語を理解できなかった。すると欧米人の女性がスペイン語で伝えてくれて運転手はすぐに最寄りのガソリンスタンドに寄ってくれ、無事放尿に成功したのだった。みんなありがとう、世界は優しい。

そうして最初に着いたのがパナ・ハッチェルというアティトラン湖周辺で一番大きな街。お土産屋さんやレストランが立ち並びたくさんの観光客で賑わっていた。韓国人の兄弟が経営とバリスタを務めるコーヒースタンドや、変わったアクセサリー屋さん、ハンモックとストローハットの専門店、絶対狂犬病の犬、物乞いなどバラエティ豊かな場所だ。

そこから湖を繋ぐボートに乗って中道さんが住むサンタ・クルス・ラ・ラグー

ナへと向かう。グアテマラの通貨は国鳥であるケツァールの名で呼ばれ、2以上はケツァレスになる。ボートの値段はそれぞれの船のキャプテンがその時に決める。地元民は5、移住した外国人は10、観光客は15、そして僕は20ケツァレスを支払わされた。そしてこの時ボートに忘れたお気に入りのジャケットは、二度と僕のもとに戻って来ることはなかった。

やっと中道さんのいる集落へと辿り着く。海辺の道を歩き、住まいへと向かうとコンクリートブロックを積み重ねたような窓にガラスのない家で、中庭に1本の木が生えておりハンモックが吊るされている。インターネットは野良Wi-Fiを拾って繋げる。何から何まで新鮮なところだった。標高が1600メートルで、実はかなり涼しい。パーカーを着て過ごせるくらいの快適さ。サソリもたまに出現する。

予定している滞在期間は3週間、最初の1週間はサンタクルスのスペイン語学校へ通うことにした。

学校といってもそこには建物も屋根もない。草原に机と椅子とホワイトボードがあり、そこでマンツーマンの授業を受けるのだ。僕は英語もわからないのに英語でスペイン語を習うという、2ヶ国語同時習得だった。

木の上から突然、特大のアボカドが落ちてくるような環境で5日間スペイン語を学び、なんとか買い物くらいはできるようになった（グアテマラの市場などで買い物をすると、必ずぼったくり価格を提示されるので値下げ交渉をするという非常にめんどくさい習慣があった）。

さあ、いよいよカカオを探しに行くぞ！というタイミングで新たな出会いがある。ヨーロッパ・アフリカを自転車で縦断し、アメリカ大陸に移りアラスカから南下する途中で中道夫妻を訪ねてやってきた、ワタルくんというすごい男だ。年も近く、すぐに仲良くなり一緒にいろんな集落へ遊びに行き、カカオに関する情報収集を手伝ってくれた。そしてミホさんという日本でグアテマラのマヤナッツと名付けた木の実を輸入し販売するなど、グローバルなビジネスを展開している女性と、奇跡的なタイミングで出会うことになった。

中道さんに隣の集落のサンマルコスにある「あじゃら」に行くように言われる。あじゃらはセイコさんという日本人の女性が経営する日本食レストラン。ボートに乗ってサンマルコスに向かう、そこはドレッドヘアーのヒッピースタイルの欧米人がたくさん滞在するところだった。ヒッピーの一人にあじゃらの場所を尋ねると、「セイコのところだな。セイコは最高だ、あじゃらは最高にうまいレストランだ、あっちだよ」と優しく教えてくれた。

わかりにくい場所にあったけどなんとか辿り着くと、すでに中道さんが連絡を入れてくれていてセイコさんが大歓迎してくれた。彼女はとても明るく少ししゃがれた声の女性だ。日本で美術の先生をしていたが、10年ほど前からここでレストランを経営しているのだそうだ。僕がいたわずかな期間にもここにはたくさんの様々な人達が訪ねてきた。

目指すはカカオ農園

この時点で、グアテマラまで来たけれどカカオの情報はほとんどなかった。アティトラン湖周辺は標高が高く、カカオの栽培はできない。カカオの栽培ができるのは、大体標高５００メートル以下の熱帯地域だと言われている。現地の人たちも、ホットチョコレートを飲むのと、時々市場にカカオが売っているのを見るというくらいで、「グアテマラがカカオの産地」という感覚はあまりないようだった。

そこでセイコさんが「友達に聞いてあげよっか?」と、ネットワークを駆使して調べてくれて、栽培地域を特定することに成功する。ようやくカカオに近づいた。その状況をそこにいたみんなが面白がってくれて、中道さん、ワタルくん、ミホさんと僕でカカオ農園のある街を目指すことになった。ミホさんはスペイン語がペラペラなので通訳もしてもらえる。なんと心強いパーティだ！

目的地がわかれば早速出発だ。出発は翌朝5時。サンマルコスからトゥクトゥク（三輪タクシー）に乗って、サンタクララという観光客はほとんどいない街へ向かった。

到着してまずその空気感に触れる。それまでグアテマラで訪れた集落は、観光客やバックパッカーが多く訪れるためか、モノを売りつけたりドラッグを勧めてきたり、どこか淀みというか、擦れた空気があった。しかしサンタクララにはそれがまったくなく、街全体がキラキラと輝いていた。媚びてくるような人もいないし、買い物をしてもこれまでの街の市場のようにぼったくられることもない。きれいな水の流れる街で、買い物を楽しむ地元民たちの姿が見られた。

僕らが目指すカカオ農園のある街はスチテペケス県のサマヤック。ここから2000メートルの山を越えるよ、と言われて乗ったバスは、トラックの荷台に手すりの棒がついているだけのモノだった。

僕たち4人は地元へ向かう現地の人たちと一緒にギュウギュウに乗って出発。みんな棒につかまって足も入り乱れて、それだけでも辛いのに激しい山道が2、3時間は続く。本当に少しずれたら転がり落ちて死んでしまうような道を、日本人の僕らだけがギャーギャーギャー騒ぐ中、トラックはどんどん進んでいく。

山頂付近で開けたとても綺麗な景色が現れた。感動的な光景。すると僕の隣にいた、スカートをはいた山岳民族のおじさんが、景色を見て僕に目配せをして何かつぶやいた。ミホさんになんて言ってるんですか?と聞くと「美しいねって」。感動を共有できた素晴らしい瞬間だった。

バス（というかトラック）に乗っているだけですっかり体力も尽き果てた頃、とうとう目的の街に着いた。

街の人にこのあたりにカカオ農園がないか尋ね、教えられた場所へ行くと鎖の前に鉈を持った門番が3人、立っていた。怖い……僕なんかは物怖じしていたが、ミホさんが堂々と話しかける。「アポはあるか?」という質問にアポがないことを伝え、じゃあダメだと言われる。それでもミホさんは諦めず、なんとか通してほしいと10分ほど粘っただろうか。ようやく「徒歩でなら通っていい」と言われて門の中へ入ることができた。「バイクタクシーは使うな」と言われたので歩いていると、門番が見えなくなった頃、正面からバイクタクシーが来た。客を送った帰りのようで、手を挙げると止まってくれ、明るい態度で僕たちに接してくれた。「ボスのところへ行きたい」と伝えると快く乗せてくれ奥へ進む。その広さは、とてもじゃないが徒歩で進める距離じゃあない。

開けた場所に出た。そこはとても大きな農園で、たくさんの人が仕事をしていた。従業員の家族なのか、子どもたちが水遊びを楽しんでいる。ふと、児童労働が頭をよぎったが、見える範囲にそれらしいものはなかった。もっと奥へ行くと、木材の切り出し、加工、保管、出荷作業をしている光景もある。大きな規模の農園ではカカオの他にマホガニーやゴムの木などを育てていることがよくあるが、シェードツリーと呼ばれ、カカオやコーヒーの木に適度に陰を作るために一緒に栽培されるモノらしい。ある程度の大きさになったら、建材として加工して出荷しお金に換えるという知恵と工夫を知っていく。

「これ、徒歩だったらきつかったね！」とみんなで言い合うくらいかなり奥まで進んだところでバイクタクシーが「ここだよ」と僕らをおろして帰っていった。屋敷があり綺麗な場所だ。

「あっ！　カカオ豆が干してある！」

その時僕は、実物のカカオ豆を初めて見た。興奮して、思わず走って確認しに行く。

コンクリートの地面にそのままパラパラと置いてあって、隣にはコーヒー豆もあった。どうやら乾燥させているらしい。そこにあったのは少しだけで、収穫の最盛期を終えて最後に残ったモノのようだった。

カカオ豆を見ながら4人でワイワイ話していると、奥から一人のおじさんが現れ「これに興味があるのか」と聞いてきた。「あるあるある！」と日本語で食い気味に言うと、おじさんは再び奥へ戻った。5分ほどして、一人の男性を連れてきた。「ここの社長さんだって！」とミホさんが言う。おじさんは使用人さんで、わざわざ社長を呼びに行ってくれたそうだ。

いくら調べても出会えない場所

社長、彼の名はエルネスト。農園の何代目かで、グアテマラ生まれグアテマラ育ち。スペイン系の血筋だろうか、大柄の白人だ。とてもいい人で、僕らの話を簡単に聞くと、自ら敷地内を案内してくれた。

この農園ではコーヒー、カカオ、マホガニー（建材）などを栽培、加工販売しているそうで、かつて日本の商社が来たこともあるそうだ。コーヒーの水洗用のプールがあり、それらの排水の水力を利用してお屋敷の電力をまかなっている……なんて、こんな山の中でエコシステムの話を聞くとは思ってもいなかった。驚くと同時にときめき、自分の世界の狭さ、拙さ、偏見があることを知った。この瞬間まで日本のほうが優れていると本気で思い込んでいた自分に気がつき、とても恥ずかしくなった。

屋敷の奥は広く美しい庭になっていて、神秘的なオーラをまとった牛や馬、鶏や、生まれたばかりであろうかわいい子犬がゆっくりとした時間の中に生きていた。バニラ、シナモン、オールスパイス、月桂樹などの木々がたくさんあり、どれを触ってもいい香りがする。

そこは日本とはまったく違う環境で、やっと異国の本質に出会えたと思った。動物たちが雑草を食べ、管理の手間は最小限に。糞が土を肥やすので肥料も必要ない。電気は水力自家発電。なんだここは、こんなところがあるなんて初めて知った。いくら本を読んでも、ネットで調べても、グアテマラのこんなところは出てこなかった。


エルネストさんは屋敷の中へ招いてくれて、自社の商品であるチョコレートドリンク（スペイン語圏でチョコラテと呼ばれる、牛乳とチョコを混ぜたもの）をごちそうしてくれた。「なんでも聞いてくれ！」と言い、本当にいろいろなことを教えてくれた。

この農園ではカカオの輸出は行なっておらず、すべて自社で加工しチョコレートドリンクの素を販売していること。輸出は手続きに手間がかかる上、お金にならないこと。グアテマラでは国内需要が高いため、世界の市場価格よりも高くなること。稼ぎの悪いカカオの栽培は、カカオが大好きだった母のために愛と敬意で行なっているのだということ……。そして、友人にスチテペケス県のカカオ協会の会長がいるから、と紹介してくれた上に、その会長がいるところまで車で送ってくれることになった。ほぼ不法侵入者である僕らに、本当によくしてくれた。

そして、大事なカカオ豆まで分けてくれた。

話はトントン拍子に進み、エルネストさんのいい感じに古びたカッコいい車でカカオ協会会長のもとへ向かう。カカオ協会は、苗木を販売したり、栽培生育を指導したり、出荷したり、輸出したり……おそらく日本でいうJAのような存在だろうと思う。

会長の名はドン・ホルヘ。デカい人だ。ホルヘさんは自身が経営するカフェに招いてくれて、とても美味しいカカオドリンクを飲ませてくれた。それは水に溶かすだけなのに、とにかく美味しいコールドドリンクだった。ホルヘさんが自分の会社で開発したそうで、作り方は企業秘密。これから売り出すとのこと。

僕はカカオのダイレクトトレードを目指してここへ来たので、もちろんその話をしてみたけれど、この年、カカオは不作で輸出する分はないということで、契約には至らず。ホルヘさんの連絡先を聞き、その街を後にした。

帰りの道は行きよりも穏やかな道だったけれど、途中乗っていた大型バスが他のバスと競争を始めたのはとてもエキサイティングな体験だった。

そしてあじゃらへ戻り、セイコさんへ道中の報告。本当に楽しく、実りのある旅だった。

こうして、約3週間のグアテマラ滞在を終え、日本へ帰った。

この旅を終えて、僕は思った。チョコレート屋、最高やん。

こんなふうに世界のいろいろなカカオの産地に買い付けに行って、その土地でいろんな人に出会い、いろいろな経験をする。そして日本に帰ってチョコレートを作って売る。その繰り返しが仕事になるなんて、最高だ。初めての買い付けの旅を終え、最高の気分だった。

それから8年の間に、グアテマラに3回、エクアドル、カンボジア、インドネシア、タイ、東ティモール、ベトナム、台湾に、カカオの買い付けに行った。どれも楽しかったけど、やっぱり初めてだらけだったこの旅は強烈に心に残っている。

〝原種〟の意味すること

東京に戻るとすぐに朝日さんのもとへ向かった。グアテマラの旅の報告をしたかったのと、エルネストさんのカカオ豆の話をしたかったから。

カカオ豆を二つに割ると中身は白っぽい茶色、朝日さんは「原種に近いんじゃないですか？」と言った。

カカオ豆にも品種がいくつもある。

本当にざっくりした分け方だが、「原種」と言われるものはクリオロ種と呼ばれていて、白っぽい茶色をしている。香り高く味も美味しいが病害虫に弱く、収量が安定しないとされる。それを改良したのがフォラステロ種。豆の色は黒く、病害虫に強く、収量も多いが、香りや味は乏しいと言われている。そしてクリオロ種とフォラステロ種をかけ合わせたのが、トリニタリオ種。これはそれらの特徴を併せ持ついいとこ取り。この時点で僕が知っていたのはこれくらいだった。

朝日さんの「原種に近い」という言葉が「良いのに出会えたね」に脳内変換され、なんだか嬉しい気分だった。

その後、僕もいろいろ勉強したし、経験も積んだ。今は品種によって味も香りも確かに違う、だけど品種じゃなく発酵の工程が味を決定付ける一番のポイントだと考える。そのプロセスに間違いがなければ、それぞれがそれぞれの美味しさを持っている。品種による優劣よりも、どんな人達が、どんな環境で、どんな文化の元カカオ豆を作っているか、その背景がチョコレートの味を作る。

そしてクリオロ種と称される品種の価値は太古の記憶を遺伝子に持っているところにある。ロマンだ。「原種」に惹かれる人達はみんなロマンチストなのだ。

チョコレート最強語録
この言葉、好き？嫌い？

5

A. 好き

ダイレクトトレード
【Direct Trade】

やってみれば実行できるし、成功体験や次に繋がる勇気をもらえるきっかけになったから「好き」ではあるけれど、実際にはメリットは「独占しやすくなる」ことくらい。商社さんとの連携が一番賢い方法だとあとで気がついた。

産地へは自分でリサーチをかけて実際に行って、コミュニケーションをとる。そのうえで実際の輸入などは商社さんに任せるのが農園側も、こちら側も楽だし、実績もあって信用もあるしリスクも低いし透明性も担保できるし、これから始める人は商社さんに相談するのが一番！

ただ僕らは商社機能も持ちたいので、ダイレクトトレードはこれからも続けていきたいと思っている。

6

A. 嫌い

フェアトレード
【Fairtrade】

経済的に優位な国で生活する者からの上から目線としか感じられない。

「児童労働」もみんなが最悪の印象を持っているのは、フェアトレードという言葉に自己中心的な正義を埋め込んでいるからかなと思う。

実際、僕が現地で見たのは「児童労働」といっても子どもを労働力とみなしているばかりではなく、親が学校に通わせる方法やメリットを理解していなかったり、ただ親子一緒に過ごしているだけだったり、といった印象だった。

これは商社が悪いわけではなく政府が悪いという話。

ウシオチョコラトルの誕生

試作、その味は

グアテマラにいる間、日本にいるやっさん、あっくんの二人と連絡を取り合っていて、決めたことがある。

グアテマラに行く前に、屋号は僕の娘の潮（うしお）からとった「USHIO CHOCOLATE（ウシオチョコレート）」にしようと決めていたけれど、グアテマラでチョコレートの語源だという「チョコラトル」という言葉を発見した。グアテマラでも今はチョコラトルという言葉が使われているわけではないけれど、その響きと、より原始的なチョコレートを作ることがリンクして、気に入った。そして「USHIO CHOCOLATL（ウシオチョコラトル）」という名前にすることにした。

尾道に戻り、久しぶりに家族や仲間と再会し、今後のことを具体的に計画し始めた。

チョコレートの形は「3」「6」「9」に関係のある数字ということから六角形に決め、ロゴデザインはグラフィックデザイナーを目指す僕の妻に依頼。物件を借りる算段を立て、内装の自分達ではできそうにない所を空き家再生プロジェクトの友人に依頼するなど少しずつ形になっていった。

3人でチョコレートの試作を始めた。場所はあっくんの家や僕の家だ。ネットでフェアトレード団体が取り扱っているカカオ豆を発見し、それを購入した。インターネットで調べた情報をもとに、コーヒーの知識などを統合し、アメリカの工場で教えてもらったことを思い出しながら作ってみた。

まずは焙煎。焙煎はあっくんの家にあった家庭用のオーブンで試した。オーブンを120度に設定し、30分、35分、40分……5分ごとに味見をしながら「これくらいが美味しいかも?」なんていう感じで進めていった。本当に手探りだ。

焙煎ができたら、カカオの殻を剝く。みんなで一生懸命手で剝いた。たまに爪の間に殻が入る。これがまた痛かった。殻を取り除いたカカオニブをすりつぶして液状にしていく。最初はすりこぎを使ってみたけれど、なかなか液状化しない。苦労していたとき、ふとピーナッツバターを手作りしたことがあったのを思い出し、その要領でフードプロセッサーで回してみた。乳化するまで、ガンガンに回す。10分くらい回していると粉状になったカカオ豆が急速に乳化する瞬間が訪れる。今では当たり前の光景も、この時はいちいち感動していた。

次に、砂糖と合わせる。

僕らが作るチョコレートの原料は、カカオ豆と砂糖だけだ。そのときは種子島の粗精糖を使った。これまで食べたクラフトチョコレートを真似て総重量の30パーセントになるように砂糖を入れ、さらにフードプロセッサーで攪拌（かくはん）し、レゴの製氷型に入れて、ラップをし、冷凍庫に入れて固めた。

5分くらいすれば、固形にはなる。このときは10分ほど待っただろうか。完成したチョコレートを3人で味見してみる。

ザクザクした食感と、噛んだ時に放出されるカカオの香り。

今まで食べたチョコレートの中で、圧倒的に、一番美味しかった。

これは絶対に売れる、そしてこのチョコレートの美味しさを早くみんなに伝えたい！と心から思った。

こうして作った僕らのチョコレート。原価計算をして、自分たちの評価価格をつけて売ってみることにした。3人で駅前の芝生広場で営業をして、「僕らのチョコレート」が売れるのかどうかを見てみたい。ある程度「高い」と言われることは想定内だ。でも、買ってくれた人が実際に食べて味を知って、どう評価するのかを測りたかった。

この時売ったのはコーヒー、そして少しのチョコレート。

一緒に売っていたコーヒーは尾道のスペシャルティコーヒー屋、クラシコさんの豆を使ったモノ。コーヒーは普段からなんの疑問も抱かずにみんな1杯500円程度で飲んでいる。30分ほどで飲み終える液体に500円だ。

一方、僕らが作った4グラムの小さな板チョコレートはボリュームもあり、日をまたいで取っておけるというメリットもあるのに、100円そこそこ。この価格の違和感を同時に見せることで、「本当の価格とは?」という疑問を投げかけると同時に、自分たちでも確認していた。

最初は高いと思われるだろうけど、「世間の人たちがどう思うか」よりも、自分たちで価値を創造する訓練のようなつもりだった。

「価格の違和感を見せる」といっても、説教くさいことはしたくなかった。ただ、チョコレートを、自分が適正だと思う価格で売ってみたかったのだ。

〝超ダサい〟物件との出会い

話はグアテマラ行きの前に戻るが、2013年10月、いつもお世話になっているヒロくんから、「廃墟になっている向島の物件情報が新聞に出てる。問い合わせてみたら?」と連絡をもらった。市の物件だそうだ。ヒロくんは尾道でチャイサロンドラゴンというカフェサロンを経営している。いつも面白い人や旅人で溢れている刺激的な場所だ。そしてあっくんの義理の兄でもある。

尾道の商店街では機械音が騒音となる懸念もあったし、街のほうはすでにたくさんのお店で賑わっていて飽和状態のようなバイブスを感じていた。街からほどよく離れていた向島という場所に新しく文化を創れる可能性にワクワクした。

どこに問い合わせたらいいんだろうと考えていると、友達のお父さんが当時、市議会議員をしていたことを思い出し紹介してもらった。相談するとすぐに手配してくれて現地に連れて行ってくれることになった。

そしてある雨の日、観光課の人が物件を見せるために、二人で迎えに来てくれた。迎えに現れた観光課の二人はあからさまに「余計なことしやがって」とでも言わんばかりの態度でテンションは低く、質問をしても何一つ答えてくれない。

現場に着いてみると、外観は超ダサい、中も汚い、暗い。「自然活用村」という名前も相まって、正直「なんだここは……!」と思った。もともと、観光農業を名目に建造され、施設の目の前は辺り一面お花畑で花を摘みに来て施設のレストランで食事を楽しむ所だったという。かつてはとても賑わっていたそうだが、今は見る影もない廃墟だ。

中を見せてもらいながらいろいろと考える。「外見はすごくダサい。でも中に入ったらかわいい」という空間が造れればそのギャップが印象に残りやすいかもしれない、そう考えた。

そこからすぐに、その場所を借りるように動きだした。個人には貸せないと断られたが、たくさんの質問の中からNPO法人としてなら借りることが可能かもしれないというわずかなヒントを得た。そこでヒロくんに相談すると自身の持つNPO法人で協力してくれることになった。その後グアテマラ行きがあり、帰国後、この場所を借りる計画を進めるも、4月になると担当者が変わり、話も変わるという〝行政あるある〟が起こる。話が二転三転したが、新しい担当者さんが協力してくれてようやく物件に入れることになった。2014年8月1日のことだった。

これを受けて、11月1日をオープン日に決めた。機材の輸入やパッケージの準備、デザインの仕上がりを加味してスケジュールを立てたけど本当にギリギリだった。間に合ったかどうかもわからない。

開業資金は800万円。貯金が100万円、国民政策金融公庫からの融資が300万円、親からの融資が400万円。それで機材、内装、材料費、渡航費、運転資金をまかなった。自分たち3人の給料は、まずは月15万円に設定した。

資金はすべて僕が用意した。お金を出し合って起業した友人の話を聞くと、利益の分配のことでもめて、うまくいっていないという話が多かったからだ（本当にみんな、もめてる！）。お金のことには意見しないように最初に約束した。

東京で相談した朝日さんは、自分たちの店のオープンを控えていたのに、開業までの間で3回も尾道に足を運んでくれた。開店直前も朝日さんに最終指導をしてもらいなんとか形にして、10月31日にオープニングパーティーを開催。翌日11月1日、飲みすぎたあっくんのピンクのゲロと共に店はオープンした。

カカオの仕入れ

オープン当初のチョコレートのラインナップは、ガーナ、ハイチ、ベトナム、トリニダード・トバゴ、ホンジュラス、パプアニューギニア。コンセプト通り、「6」種類だ。ジャケットのデザインは尾道のアーティストの友人達に依頼した。みんな安い価格でも笑顔で承諾してくれた。自分達でも思ってもみない素晴らしいデザインが上がって来た時、ますます爆発する可能性を感じた。

型はジャケットとは別のアーティストの友人に相談すると、妻の創ったデザインを3Dプリンターで具現化し、それに食用シリコンを流して作ってくれた。金型を作るよりも遥かに安く済んだ。尾道には天才がたくさん存在する。

ダイレクトトレードのカカオ豆の第1弾はあっくんが行ったパプアニューギニアのモノだった。あっくんは独自にカカオ農園へのルートを模索していた。

パプアニューギニアの方と結婚されているタヤパラン・しほこさんという方が尾道に住んでいて、現地でディストリビューターをやっている人を紹介してもらった。あっくんが実際に現地に赴き、現地の方たちと出会い、話し、セレモニーに参加させてもらい、時には感動の涙を流し、農園をいくつも回り、生産者と交渉し直接カカオ豆500キロの契約を交わしてきた。そのカカオは下から薪を焚いて乾燥させるファイヤードライという方法で乾燥しているため、強い燻香（くんこう）が付いているのが特徴で、発酵もちょうど良い加減、独特だけどとても美味しい素晴らしいモノだった。

開業して最初からダイレクトトレードができたことは大きなイニシアチブになる。あっくんは最高の成果をあげて帰ってきたのだった。

余談だが、1年後、500キロの豆が底をついた。パプアニューギニアのディストリビューターに再度購入したいと問い合わせると、なんとその農園のカカオの木はすべて切り倒されてパーム椰子（やし）の木に変わっていたという報告が入った。カカオよりパーム椰子のほうがお金になるからという理由だった。マジで二度と手に入らない幻のカカオ豆。それを聞いたあっくんは少し涙ぐんでいた。

パプアニューギニア以外のカカオ豆は商社から購入した。かつてはカカオ豆の商社は大企業から大企業への大規模な卸しかなく、小ロットのものはほとんど流通していなかった。そんな折、立花商店という商社がちょうど2014年の春頃から小ロットの流通を始めていて、それをたまたま発見したのだ。ビーントゥバーチョコレートを日本にも浸透させようと動き始めたところだったそうで、この出会いもとても嬉しかった。

それぞれの味や香りなど、ニュアンスが書いてあったのでそれを見てバランスを考えながら決めていった。

最良の砂糖を探して

僕達のチョコレートを作るのに必要な材料は、カカオ豆のほかには砂糖だけ。最初は上白糖で作ってみたが好きな味にはならず、以前試作した時に使ったような少しクセのあるモノのほうが良いと判断した。そこでインターネットで見つけたブラジル産の有機砂糖を購入し使ってみると、好きな味に近づいた。

カカオ以外の原料は広島県付近のモノを使用したいという思いがあった。ある時、「かつてしまなみ海道は〝三白〟といって小麦、米、砂糖の生産が盛んだったんだよ」というとても面白い話を聞いた。

あっくんにはリヤカーを引いてしまなみ海道を渡り歩いたという謎の経験があ

った。その人脈を活かして砂糖の生産者がいないか探してもらったところ、なんとすぐに見つかったという。そうして紹介してもらったのが愛媛県四国中央市、「ロハス企業組合」の川上喜八郎さんだった。川上さんは環境のことを考えて無農薬でさとうきびを育て、搾り、薪釜で炊いて黒糖を作り、和三盆の生産までを自分たちで行なっているパーフェクトソルジャーだった。

2度目に伺うことになったのはさとうきびの収穫時期。収穫と黒糖作りを体験させてもらうことになった。普段はお金を払って人を雇い、収穫をするそうだ。

そこであっくんが「さとうきびの収穫なんてなかなかできない貴重な体験。お金を払ってやってもらうよりも、お金をもらって体験してもらい、お互いに学びのあるワークショップ形式にするのはどうか」と尾道で培った経験から生み出されたアドバイスをした。さらに「ついでに収穫祭をマルシェイベントにして、取り組みを拡散してもらってはどうか？」という提案まで。

なんとそれが実現することになった。素敵なイベントが開催され、マルシェとして近辺の面白い人達が出店し、またたくさんの出会いに恵まれた。そうして晴れて僕らも砂糖を使わせてもらえることになった。

使用することになったのは、川上さんの作る和三盆。ただ、この和三盆に黒糖のクセを少し残してもらいたかった。僕の『美味しんぼ』調べの知識では、和三盆は黒糖を水にさらして研いで糖蜜を抜くという行為を3回行なうことからその名がついたという説があるそうだ。じゃあ3回研ぐところを2回にしてもらって、糖蜜のクセをあえて残してもらったらいいのでは？　……ということで作ってもらったのが、今も僕らが使っている「和二盆」だ。もちろん造語である。

和二盆100パーセントでチョコレートを作ってみたらかなりクセが強く、カカオの香りが薄まってしまう。そして酸味の強いタイプのカカオ豆との相性も良くない。それで酸味が弱いものにはブラジルの有機砂糖70パーセント、和二盆を30パーセントの割合で使用したところ、カカオの香りを邪魔することなく、黒糖のミルキーな余韻が香りの幅を広げてくれた。酸味が強いタイプのカカオには和二盆は使用せず、ブラジルの有機砂糖100パーセントで作るなど、砂糖のブレンドの割合をそれぞれで変えることにした。

驚いたのは、あっくんが持って帰ってきたパプアニューギニアのカカオは、和二盆100パーセントでも香りが負けないどころか、普通の砂糖では感じなかった味や香りを引き出してくれてメチャメチャ美味しかったことだ。パプアニューギニアの持つ燻香と和二盆のクセがお互いに引き立て合い、まるで焼いたバナナのような顔を現した。

チョコレートを売る場所

こうして材料も揃っていき、開業を迎えた。

資金はギリギリのギリギリ。それでもSNSでオープン前から活動報告したことなども功を奏したのか、初月から黒字を達成した。SNSでは、東京、アメリカ、グアテマラに行ったことの報告、駅前の芝生広場でチョコレートとコーヒーを売る宣伝、開業準備の様子など、とにかくすべての活動を発信していた。それを見て応援してくれる人がいたかもしれない。

そして開店から約2ヶ月、初めてのバレンタインを迎える頃には製造するチョコレートはすべて売り切れ、その後はカフェメニューで凌ぐしかないというほどに忙しくなった。チョコレートはどんどん作らないと売れてしまうため、裏で二人が製造をしつつ、表では一人が接客、チョコレートの販売、ドリンクの提供をワンオペでこなした。

オープン時から用意していたカフェメニューはコーヒー、カフェラテ、エスプレッソ、ホットチョコレート、大三島の無農薬みかんジュース。ドリンクを作る器具も最低限以下のものしかなかったけれど、徐々に充実させていき、メニューもカカオソーダ、カカオミルクと少しずつ増えていった。

オープン当初、チョコレートの生産数は週に500枚、月に約2000枚。それに加えてカフェの売上。

まず、原価率は30パーセントに設定。チョコレートとカフェで月に180万円売り上げれば、家賃などの諸経費を30パーセントとして、残りを分配する。

でも実際に始めてみたら、税金など他にも掛かるお金がいろいろあることに気づいて「給料の設定の仕方」を調べた結果、漫画で読んだ「粗利益の40パーセントを給料にする」という方法を採用した。それを参考に給料日前に計算して3人分払うようにした。保険などの福利厚生はナシ。

11月から2ヶ月は3人それぞれ給料は15万円。それがバレンタインあたりになるといきなり30万円くらい持ち帰れる計算になって、こんなにもらって良いのかな?とドキドキした。オープンするまで、そんなことになるとはまったく思ってもみなかった。

こんな場所に人が来るとは思っていなかったので、最初は卸を中心に展開するつもりだった。でもふたを開けてみたらチョコレートは売り切れるし、製造が忙しくて卸のことを考える時間が取れないほどだった。当時は外の世界のいいお店もあまり知らなかったし、まずは卸のペースをつかむまで、3店だけやってみようと思った。

3店と考えたのは、まず製造できる量が少なかったし、卸って何かよくわからないままだったのもある。何より僕らのチョコレートは適当に営業をかけても理解を得られる商品だとは思わなかった。そんな中で声をかけに行ったのは、岡山のONSAYA COFFEE、福岡のmanucoffee、そして東京のLittle Nap COFFEE STAND。

開店から2ヶ月ほど経った2015年1月。東京に行く用事があり、グアテマラに行く前にも伺っていたLittle Nap COFFEE STANDにチョコレートを持って行った。スゲーおしゃれなのに、この頃はまだ雑誌などでそれほど見かけることはなかった。僕は海外の雑誌を見ていてこのお店を発見したのだった。

できあがったばかりのチョコレートを持っていき、店主のはまさんに勇気を出して商品を卸させてほしいと伝えると、なんとオッケーをもらうことができた。後から、よそのプロダクトを取り扱うことはめったにないと聞いて、めちゃくちゃ嬉しかった。

岡山のONSAYA COFFEEではオーナーの東さんに卸についていろんなアドバイスもいただいた。販売開始するとすぐにたくさん売れたらしく、わざわざ電話をくれて「成功おめでとう」と言ってくれた。

福岡のmanucoffeeは、声をかけたものの最初は消極的だった。管理の難しさや利益の出しにくさなどいろいろ教えてくれ、最終的には、ウシオモカなど、ドリンクに使用するチョコレートをすべて僕らのものに変えてくれた。

改めて考えると、この3店にした意味は、消費者が「その店に置いてあるなら」ということで価値を感じるであろうお店であったこと。流行りを感じず、アイデンティティをしっかり感じるお店であったこと。この店に置いてあればそこで見た人からきっと問い合わせが来ると思ったこと。そして僕が心から惹かれるバイブスを感じた場所だったからだ。

その後、実際に「あのお店で見て気になって……」とたくさんの問い合わせや取材を受けることになった。今は全国に本当にたくさんの卸先が存在するようになった。

売上は年をまたぐごとに倍増していった。全国にビーントゥバー専門店が段々と増えていく頃、ウシオチョコラトルにも新たな仲間が増えていき、取り巻く状況がどんどん変化していった。

7

A. 嫌い

【bean to bar chocolate】
ビーントゥバーチョコレート

おそらく、昔はチョコレートの製造が分業だったため、一括して製造するスタイルが珍しく「新しい概念」としてマーケットの開拓のために造られた言葉なのだと思う。つまり「一括して製造する」という意味であれば日本においては明治さんなどの大手メーカーは元々ビーントゥバー。だから僕らがわざわざ使うことに違和感があり、自分達からは一度も発したことがない（それでも、言われることはある）。

発起人で工場長、真也。
うっす、よろしく。
メガネ担当、やっさん。
がんばります、よろしく。
チョコレートピエロ、A2C。
よっす、どうも。
この3人でウシオチョコラトルができたんだね
そうとも
このウルトラマグネティック3MCによって作られた個性豊かなチョコレートやこだわりの店舗が残した伝説はご存知の通りだよ
そして今は無いけど広島空港にもチョコレート工場があったんだ
その「foo CHOCO LATERS」元工場長後閑ちゃん
どうも
ワイワイ
ワハハハハ
みんなウシオのこれまでを振り返って積もる話があるみたい
きいてみよう

ウシオチョコラトル初期メン座談会

A2C（あつし／通称あっくん）
ウシオチョコラトルの創業メンバー。主にホスピタリティの面で活躍するも2019年8月に退社し、現在は大阪で家族と暮らす。在籍時の異名は「チョコレートピエロ」。

やっさん
ウシオチョコラトルの創業メンバー。現在も工場で店舗で奮闘中。メガネをかけていたことから次第に経理も担当するようになる。

真也
ウシオチョコラトルのボス。この本の著者。

2010年―出会い〜開業前

田んぼで稲刈りしながら「チョコレート屋やりたいんだ」って聞いた（A2C）

真也　実際に開業してからのことはおれ一人で語るより二人と一緒に話をしてみたいんだけど。さかのぼると、おれが2010年の年末から本格的に尾道に住み始めたんやけど、二人はその後やったよね。どんなタイミングやったっけ？

A2C　おれは2011年東北の震災がきっかけやね。映画が好きで、高校卒業して勉強しているうちに舞台にハマっちゃって、アルバイトしながら舞台やってた。そのあと25歳から30歳まで東京・神楽坂の編プロで働いていたときに震災があって。東京の街の混乱ぶりを見たときに、ここでゆくゆく家庭を持って子どもを育てていけるのかと思ったら疑問になった。家族に何ができるかとバカなりに考えて、考えた結果、引っ越ししようと。西に行くならどこでもいいなと思ったときに、ぱっと思い出したのが姉貴。結婚して尾道に住んでたんよね。6歳年上の姉のことをあんまり知らない、知りたいなと思った。結婚式のときに会った義理の兄貴であるヒロくんのことをおもろそうな兄ちゃんだと思ってたので、この人も含めて付き合っていくことになるだろう。頼りにしよう、されようと思った。それで尾道に来たのが２０１１年の11月。

真也　クリスマスイブにおれが働いとった「やまねこカフェ」にトナカイのコスプレで来たやんね。背中が裂けてて「すみませんが、安全ピンとか持ってへん?」。で、なぜかおれが安全ピンたくさん持っとって全部つけてあげたもん(笑)。そん時は定住するつもりやったと?

A2C　尾道に来ても、ずっと住むとは思ってへんかったなぁ。姉貴夫婦がどんな生活してんのかな、みたいな気持ち。でも住んでるうちにヒロくんと、ほかの友達とＮＰＯ法人を立ち上げたりしてね。

真也　そのヒロくんは、のちに物件を紹介してくれたり、ＮＰＯ法人をそのために動かしてくれたりした人。感謝感激。

A2C　そう、ヒロくんはおれが尾道に来る10年くらい前からアート活動をしていたような人。僕らが尾道に来る前に、だいたい10歳くらい上の人たちが開拓してきた土台があったという感じ。昔スタイルの商店街でのしがらみや外から来た人への偏見をとってくれたようなところがあるかな。おれたちが第二世代を築いたといっても過言ではないですね!

真也　いやそれはないけど(笑)、その人達の活躍が土台となって、おれ達よそ者が好き勝手できるということではあるね!　尾道のみなさまありがとうございます!

A2C　まあそれで一緒にマーケットを開催したり、イベントを組んだり。自分たちで「56カフェ」という小さいカフェの運営もしてた。そろそろお金もないな、みたいなタイミングで東京のときに付き合ってた彼女が仕事を辞めて尾道にやってきたから、安定した仕事を持たないといけないと思って面接に行くわけね。ひげ剃って、スーツ着て、履歴書持って、いろんなところを受けるんですけど、まあ受からないんですねえ。……みたいなことをそのとき真也が働いていた「やまねこカフェ」にちょくちょく顔を出して、ああだこうだ、いつも受からないっていうグチを聞いてもらってた。年も近いし、音楽、漫画、映画の話とかすると、「この人、合うな」みたいな気持ちはちょっとあって。それで２０１３年の秋頃、田んぼで稲刈りしながら、「そろそろやまねこカフェ辞めるんだ。チョコレート屋やりたいんだ」って聞いて。ただ、そのときはそれを聞いても「へえ、がんばってね！　おれいま就活中やけど、そのわけわからん仕事はちょっと今求めてる仕事ではないな」って感じ。

真也　あっくんが当時探してたのは「17時に終わって20万もらって帰れる仕事」やったけんね。

A2C　そう、安定した仕事を求めてたからね。なんの興味もなかった。「へー、がんばってね」っていう。

真也　そのときに軽く誘ったけど、ピンと来てない表情してたのを覚えてる。

A2C　自分で何かをやるということに、「すごいなあ」とは思ったけどね。そんなことをしている間に、面接を受けて落ち続けるわけですね。いや〜、800超えたあたりで数えるのやめましたね。

やっさん　尾道に800も会社ないでしょ（笑）。

A2C　とにかく面接に落ちまくっていて、あるとき、真也くんがマストブラザーズとダンデライオンチョコレートのチョコを持ってきた。

真也　いろんな人に食べさせてて、二人だけが「うまい」って言ったんよ。

やっさん　そうなの？

A2C　圧倒的に美味しかったけどな。

真也　みんな最初は「酸っぱい」とか「苦い」とか言う。

尾道には「どうやって生活してるんやろ？」って人が溢れてた（やっさん）

やっさん　おれは短くまとめると、売れないバンドマン時代が長くあって……。

A2C　ちなみになんていうバンド名やったん？

やっさん　いろいろやったけど……一番恥ずかしいのが「チェックメイツ」。

真也　チェックメイツ！！！　恥ずかしい！

やっさん　高校卒業してスカバンドが流行ってた。歌がうまい同級生がいて、曲も作れて、そいつが「チェックメイツでいこう」って言うから……。

A2C　なに人のせいにしてんの。

やっさん　でもそのときは正直いいなと思ってた。

真也　おれ中2のとき組んどったバンド「シティ・オブ・エンジェル」やった。

A2C　歌詞に堕天使ぜったい出てくるやつやん。

やっさん　まあそれはいいんだけど、最終的に音楽やってても面白くないな、ってなった頃に広島の市内のほうで結婚した。

A2C　広島といっても尾道とは100キロぐらい離れてるからな。

やっさん　そう。僕は広島市内で生まれて外にも出たことなかったけど、嫁が尾道に引っ越したいって言う。引っ越すのさえも腰が重いなくらいで、嫁の行動力にグイグイ引っ張られて。でも僕はあっくんと違うから、ちゃんと引っ越す前から面接受けに行って、郵便局で半年間働いた。本当は長く続けようと思っていたけど、さっき話に出てきた56カフェをあっくんから受け継ぐ流れになって、郵便局を辞めることになった。そもそも尾道に移住して最初に知り合ったのが真也だったね。

真也　おれはその3〜4年前に尾道に来てたかな。

やっさん　おれが来たのが2013年。その頃、3人の中では一番、尾道に来て間もなかった。真也とは年が同じなんだけど、こういう変わった人もいるんだなっていう感じで。

真也　やっさんと会った頃のおれは、ロン毛でみつあみやったね〜。

やっさん　尾道生活自体は楽しいんだけど、ぼっとん便所とか、ムカデが出てくることとか、ささいなことが気になってて不安だっていうことを真也に打ち明けたりして、それを「そんなん一瞬で慣れるよ」って言ってくれて。56カフェを引き継ぐってなったときに、真也が「コーヒーぐらいちゃんといいもの出したほうがいいよ」ってことで、コーヒーを教えてくれたんよね。そこからコーヒーを淹れることが面白くなってきた。コーヒーは産地違いで味が違うのが面白いなって思うようになった頃に、同じことをチョコレートでやってる人がいるのを知って。さっきの、初めてマストブラザーズのチョコをもらったときの話は、それを知ってたから美味しいって感じたのかもしれないけどね。コーヒーを教えてもらう流れで、カレーの作り方とか教わったりしたな。

真也　やっさんのフライ返しがへたくそなせいで、お気に入りのヴィンテージの白シャツがトマトソースで真っ赤に染まったなー。

やっさん　そうそう。でも出会って間もないから「あ、いいよいいよ、大丈夫」みたいな反応で(笑)。まあそんな感じで、真也にはちょいちょい影響受けてたのかもしれないですね。チョコレート工場をやるっていう話を聞いたときは、誘ってもらうっていうよりは、そういうアイデアがあるって話を聞いた感じだよね。

真也　最初はやっさんのことは誘ってなかったかもね。やっさんは56カフェやってるし、と思ってたから。でも生活は全然成り立ってなくて、ドラッグストアで品出しみたいなアルバイトしとったよね。

やっさん　うん。正直、尾道に移住したのも、街並みがゆっくり流れてるから、ぼちぼち仕事しながらでも生きていける街と思ってたから。仕事もぼちぼちやって、自分の時間があるほうが幸せなんだろうなって思ってた。だから、働くってことにたいして本気じゃなかったよね。ていうか、「どうやって生活しているんだろう?」っていう人が溢れてたから、尾道は。

A2C　まあ、実際そうよな。

やっさん　さっきの話にあったあっくんの義理の兄貴でもあるヒロくんは尾道のレジェンドだけど、ヒロくんでさえどうやってお金を生んでるのかはたから見たらわからない。そういう人が多い。それが自分も居心地がいいなってことで56カフェをのほほんとやってて。そこでチョコレート作りたい、って聞いたときに、真也とあっくんと、すぐにやりたいって思って。話に乗ったたっていう流れだね。

真也　やっさんの奥さんのあやこちゃんが僕と二人で話してるときに、「やっさん多分やりたがってるよ」って言ってたんだよ。

やっさん　そんな流れがあったんだ……。へえ……。

真也　知らんかったでしょ。「誘ってあげてよ」みたいな感じやったよ（笑）。ちょうどおれも3人でやりたかったたし、年も同じやし、やっさんやったらむっちゃ楽しそうやなって。ほんだら、「やりたい」って言ってくれて。

A2C　おれもやっさんからはすぐ返事がきたという印象。迷いもなかったんかな。

やっさん　真也に誘ってもらって嬉しかったのもあるし、アイデアを持ってる人に対して憧れがあった。自分も「なんかやりたい」という気持ちがあって音楽やってたのもあるし、それに代わる何かが見つからず、だらだらしてるときだったから。

このチョコレートだったら、家族とか友達から正規の値段でお金をもらえるものだなと思った（A2C）

A2C　おれは最初は、安定した仕事を探してたわけだから、自分が「チャレンジする」とか「ワクワクする」っていうのはほったらかしだった。でも、ホント言うと「ワクワクしつつちゃんと稼げること」が必要かなとも思ってた。真也から「こういうチョコレートを作りたいんだ」って聞いて、それを56カフェで食べたときに、おれの思ってたチョコレートの概念が吹き飛ばされた。知ったかぶりして「チョコレートは興味ない」なんて言ってた自分が恥ずかしいぐらいの感覚。

真也　違いのわかる男達よ!

A2C　おれは酒が好きだから、「日本酒の世界と一緒だな」と思ったね。米と米麹だけで作って、杜氏（とうじ）さんが違えば味も違う。「おれは山田錦が好き」とか言ってるのとチョコレートの世界も一緒。なんで気づかなかったんだろうって、衝撃を受けたわけです。30過ぎていろんなことをしてきたつもりのおれも知らなかった世界を提案できるとなったら、それは面白い。ということは「売れるな」と。売れるっていうのは「バカ売れする」っていう意味じゃなくて、たとえば「友達からもお金をとれる」ということ。おれはもともと知り合いには「いいよいいよ、おれが作ったやつだしお金いらないよ、あげるよ」って言っちゃうタイプ。だけど、ウシオのチョコレートだったら、家族とか友達からも正規の値段でお金をもらえるものだなと。そうじゃないと作る価値ないし、営業もかけられない。こういう喋り方していると「営業に向いてるよ」とか言われるけど、ほんとはそうじゃない。二人っきりになると一番つまんないやつだから。

真也　そうね、家に帰って涙を誤魔化すようにシャワー浴びるんやもんね。

A2C　とにかくそれぐらい、美味しかった。意味があるなと思った。おれは未来に残すべきものをやりたかったんよ。そうでなければ、割り切って仕事をする。このチョコレートだったら賭けたいなと思ったし、売る自信があった。

真也　僕もやっぱり、確信があったんよね、絶対いけるみたいな。

やっさん　おれにとっては「売れる」というより、前半はこの二人がとことん引っ張っていったと思っているので、このメンバーでやっていることの面白さのほうが際立ってたかもしれないな。

真也　話をしたのが２０１３年の10月頃で、開業が２０１４年の11月。開業まで1年くらいあって。

やっさん　真也が、売上が立ってなくても給料は出すって、開業前から保証をしてくれたんよね。

真也　物件に入りはじめてからの期間は月15万円ずつ出すからって話をした。

やっさん　そういうことを言える時点で違うなと思ったよね。のほほんと尾道に来てゆっくりやろうと思ってたけど、真也は自分でお金を借りて僕らの分の給料も保証して。思ったよりしっかりしているなと。

A2C　給料もらい始めたのは今の物件に入れるってなってからやね。それまでやっさんとおれはちょっとアルバイトしてたかな。

やっさん　僕はドラッグストアでね。

A2C　おれは「尾道浪漫珈琲」で。

真也　おれは完全フリーで、免許とりに行ったりしてた。3人で始めるとなっても、出資は僕だけにするっていうのはこだわったところ。そうじゃなかったら喧嘩してたと思う。友達も共同出資でもめてる人の姿しか見とらんやったけんね……。

やっさん　だからというわけじゃないけど、僕ら二人にとっては、3人でやってるとはいえ「真也の店」という感覚はあったたね。ただ上下関係はなくて、対等。役割とかはちゃんと決めてないけど、僕はメガネかけてるから数字っぽい＝経理とか、あっくんは喋れるから前に出て営業みたいな感じで、ゆるっとしたものはあった。

真也　でもちゃんとした担当の分担みたいなのは、なんっもない。僕がてきっとーにお給料払ってたよね。その後、スタッフが入ってきて変わってくるかな。

A2C　3人の状態が続いたのは、半年くらいかなあ。

真也　だからたとえば取材が入っても、代表だから必ず僕が受けるとかじゃない。3人誰が受けることもあったよね。「今回僕はタイミング合わんから、どっちかお願いします」っていう。

やっさん　そのことについて、僕らも違和感なかったし。

A2C　まあ、この3人がウシオチョコラトルの「顔」かなとは思ってたよね。

やっさん　話すときに真也を立てるとかそういうことはあると思うけど。自分にとって「おれが作ったんだぜ」っていう話ではないけど、「自分たちの会社、こんな感じです」っていう話は3人誰でもできる。

真也　それで3人が、ちょっとずつ言ってる内容違う時あるやん（笑）。

A2C　そう、それが面白い。視点ってそんなもんやな。

真也　開業前からSNSで発信したりの根回しはしてて、取材も来てくれてたな。

A2C　最初は地方誌の『ウインク』が工場作ってる8月くらいに来てくれて、それが一番早かった。地元のテレビも初日から入ってくれたよな。

真也　チョコレート屋始めたのって、日本でもすごい早かったからね。マジ早かった。

やっさん　自分たちで「チョコレート工場」って名乗ってね。ホントは工房クラスの大きさなのに「工場」って言い張ってて、それで「尾道にチョコレート工場ができるの？」みたいな驚きもあったかな。

真也　取材で「工房」って書かれたらいちいち「工場」に直して……。だって絶対、「工場」のほうがおもろいやん。ちっちゃいのに「工場」って。

A2C　誰がというわけでもなく、そういうプロダクトのことを3人でめちゃくちゃ話せたのがよかったと思う。カカオ豆と砂糖だけで作るっていう表現、チョコの形を六角形にすること、パッケージデザインは地元の知り合いの作家にお願いすること、とか。発信の仕方について、最初のほうはとくに気をつけて。

真也　ノートにいろいろ書いて話し合っ

てね。まあ、コンセプトはないけど……。

やっさん　コンセプトはないけど、真也にはもともと「思想」があるんだよ。それがそのままウシオにも出てる。

真也　六角形に三角シール、いいやん！ってなったときには、アドレナリン出てましたねえ。それは誰が決めたとかではなく、アイデアを出し合って、「こっちがいいんちゃう」みたいな流れで。3の倍数という縛りをつけようって決めたのも同じ感じ。

A2C　バーで3人で横並びで、チョコレートの形について話したんよな。モールド（型）はどうやって作るか？　四角でいいんじゃないか？　その中で、「ハニカム構造」（六角形を並べた形）っていうアイデアが出てきて、掘り下げていくと「自然界のなかで一番強くて早く広がる」とか、いろんな意味があるらしい。三角形でシール作ったら、三角形が六つなくても六角形ができるなってことに気づいたんよね。一つ飛ばしてプルトニウムのマークみたいにしてぽんぽんと繋げると。頂点がチョコレートだとして、チョコレートというものさえあれば、自分らは三角が広がっている、つまりエンジェルの羽が生えてる……。

真也&やっさん　シティ・オブ・エンジェルやん。

A2C　はい。羽が生えてるみたいな感覚ですね。

真也　おれらに羽とか最悪やん。

A2C　まあそこから、3人やし3の倍数しばりにしようという話も広がって、じゃあ商品は6種類にしようと。じゃあその6種類の産地はどこにする、みたいなことが並行してどんどん埋まっていって、ひらめきに対してちゃんと理由がいっぱい出てくるから、これで正解だな、っていう感じ。

真也　そこから包み方も研究したよね。

A2C　箱を作るとなったらコストも高いし、紙で包むって話が出て。その場で「六角形　包み方」みたいなんで調べたな。

真也　その後、しばらくして、やっさんが「こう包むのがいいと思う」って急に作ってきたんよ（笑）。

やっさん　なんか、自分なりに役割があったんだろうね、「おれはこれができる」みたいな。それで包み方考えてみた。

真也　「これのほうが効率がいいよ」みたいな。結果、それに決まった。

A2C　慣れたらシュッとできる包み方やったな。

やっさん　できるようになったら目をつぶっててもできる。

真也　あれもようおさまったよね。

A2C　ちょうどA4におさまるからな。

真也　計算したもんね。どうやっけ、「底辺×底辺×……なんやっけ」みたいな。

やっさん　まあおれはそういうの好きだ

からね。

2014年――「おれたちの店」ウシオチョコラトル、オープン。

このメンツがやっているということを、尾道の人たちが面白がってくれた（やっさん）

A2C　2014年の正月、3人で年越ししたんよな。家族も集まって。あくびカフェでさ、艮神社行って。じゃあ2014年1月1日からがんばりましょうって。

真也　ちょっとおぼえてないっすね。

A2C　えー……。

やっさん　あ、その頃、あっくんの家で試作したんだよね。当時唯一、カカオ豆を通販で買えるところから買って、オーブンで焼いて、殻を剝いて、フードプロセッサーで砕いて砂糖を入れて……。ざくざくしてるけど、ちゃんとチョコレートができた。それを食べたときに、ほとんどマストブラザーズとかのチョコレートくらいの衝撃はあって。

真也　美味しかったよね。

A2C　あれは「美味しい」の領域までいってたね。

真也　それで「めっちゃ簡単やん！」ってなった（笑）。

やっさん　たくさん作るとどうかとか、そのときはわからなかったけど、味だけは素材でどうにでもなるなって思った。

A2C　カカオの殻を手で剝いてたけどね。2個目ぐらいで爪の間に入るんだよね〜。

やっさん　小さいのを作って1枚100円で、音楽イベントあるときに売ったり。

A2C　その頃、「店ができてから使える券」を売ったよね。店ができたら買いに来てください、1000円分買えますっていう券。

真也　そういうのは全部あっくんのアイデアだった。1枚100円だったり、何枚か入れて300円だったり。面白がってくれる人はいたね。

やっさん　チョコレートの味を、というよりはこのメンツでやってることに対して尾道の人が面白がってくれてる感はあったかな。「あいつらがやってるものだから食べてみよう」みたいなのがあったんじゃないかな。

A2C　プロトタイプの段階から、尾道のマルシェイベント……変な言い方すると「そういうのが好きそうな人」が集まるマルシェに狙いを定めて行くようにしてると、楽しみにしてくれる人がいた。わかる人はわかってくれる。ライブイベントに持っていったらめちゃくちゃ評判よかったり。

やっさん　チョコが気に入ったっていう

だけじゃなくて、あっくんが酒飲みながらイベント会場を盛り上げてね。

真也　あっくんの「チョコレートピエロ」っていうニックネームがそのあたりからふわっと出てきたしね。お店が11月オープンで、本当にやろうぜって動き始めたのは1月1日から。だから1年近くそんな感じで動いてたかな。Facebookページ作ったり、クラウドファンディングに手を出そうと思ったり。

A2C　クラウドファンディングは結局やめたけどな。

真也　ちょうどそのころ、クラウドファンディングというものが日本で盛り上がっとったね。「このプロジェクトで世界を救う」みたいなアイデアだったらクラウドファンディングでいいけど、自分の商売のことでやるのは違うなと思って。

A2C　クラウドファンディングして開いた店で、「おれたちの店だ」って言えるのかなっていう気持ちはあった。支援してくれた人達が「自分たちも参加している」って思うことにも意味はあると思うけど、参加型っていうよりは、「真也の店」にしたかったというのはあるかもしれないよね。

日本の大手の会社だって「ビーントゥバー」やん（真也）

真也　当時日本でチョコレート屋って、大体一人とかでやってる職人肌のひとが多かったイメージやんね。家の台所でやっているとか、アルバイトの人と二人でやってるとか。

A2C　Dari K（ダリケー）さんは当時からインドネシアまで買い付けて自分らでやってるけど、板チョコじゃなかったし。

やっさん　チョコというより、ボンボンみたいな。

真也　それでバリバリ売れとったよね！でも僕にとっては、板チョコレートがかっこよかったんよ。ヨーロッパっぽい、パティシエみたいな人だけが最高のチョコを作れるみたいな印象が嫌で、「こんな感じの奴ら」が作ってるのに食べたらちゃんと美味しいみたいなのがいいなって。

A2C　あとは中目黒の朝日さんやね。朝日さんは今は「ミニマルチョコレート」という店をやってるけど、当時はコーヒー屋さん（パーキングコーヒー）に間借りするような形でチョコレートを作ってた。

真也　そう、1章でも書いたけど、グアテマラに行く前にあっくんと一緒に東京で何店舗か行ってみて、そのなかに朝日さんがおった。最初は「またなんか来たよ」みたいな雰囲気を感じて、喋りづらいな、みたいな。でも朝日さんにいろいろ質問された時点で考えてたことがあったので、「こういう感じで、いくら借りてやろうと思ってます」みたいに具体的に話したら意外とノってきてくれたなあ！

A2C キラキラしてきてね。初対面アポなしで2〜3時間喋ったよね。

真也 それであとで「おれらみたいなやついっぱい来るんやろね」って話したけど、具体的じゃない人が、話を聞くだけ聞いて帰っていって、あとから連絡もなく「なんやったんやろこの時間」っていうことが多いんやろね。だから嫌気がさしてたと思う。

やっさん ぼくらもその頃はチョコレート作る前にいろんな人に教えてもらわないといけないなと思ってたんだよね。

A2C どういう機材を使ってるか、とかね。

やっさん うん。「そういう人たちが多すぎて断ってるんです」って言われることもあって。

A2C 当時はそれこそ全国で4店舗ぐらいしかなかったから、行けたんよ。直接会いに行かせてもらってたから。

やっさん 当時チョコレート屋をやろうとしている人が多かった、とまでは感じてないけど、「早くやらないといけないな」みたいなのは心の中ではあったかもしれない。

真也 今は全国で100店舗ぐらいらしいけんね。

やっさん だけどちょっと減ってきてるよね。一時のブーム的なものもあるし、ちゃんとやって職人さん的な感じで作っても、うまくいかないっていうのがよくあるみたいだし。

真也 経済面でうまくいかないっていうことがあるしね。

やっさん ビーントゥバーっていう言葉自体も含めて思ったより流行らなかったっていう印象だけどね。

真也 「ビーントゥバー」、みんな名乗っとるよね、おれたちは名乗ってないけど。アメリカとかヨーロッパだと、もともとチョコレートを作ることは分業制でカカオ豆を仕入れる、焙煎する、加工する……チョコレートにしたものをショコラティエが買って、チョコレートケーキにしたり、板チョコレートにしたり。それを一貫してやるのがビーントゥバー、つまり「豆から板へ」のチョコレートって言われてる。その説明を聞いて、じゃあ日本でいったら明治さんはどうやろって思ったら。

A2C 明治さん、めちゃくちゃビーントゥバーやん。独自でカカオ農園持っててね。

真也 そうそう。どっちかといったらアメリカとかの記事見ると、ビーントゥバーっていう言葉のあとに「スモールバッチファクトリー」って書いてあるんよね。つまりチョコレートの小規模事業者。そうなると、完全に新規性の高いビジネスとして始まってる。だけど日本ではそれよりも「ビーントゥバー」っていう言葉が台頭しちゃった。でも大手だってビーントゥバーなんだから名乗る必要ないかな?と思って、それよりは「チョコレート工場」よ。

A2C　うん、普遍的なもののほうがしっくりくる。ブームにのるわけでもないからね、おれ達としては。

真也　同じように「クラフトチョコレート」って言葉だって、要は「手作り」ってことだからね。

A2C　まあ大体、手作りよな。機械は機械で使うけど。

真也　それこそ明治さんも大小の差だけで手でやるところは手でやるわけだし。

A2C　だから「クラフトチョコレート」って言葉もフィットせんな、って感じ。総称、ひとくくりにされたくないっていうのもあるかもしれない。言葉は廃れるのはわかってたから。結局、思ったより流行らなかったっていうのが実際、そうで。

真也　取材をしてもらったときに記事の中で「ビーントゥバーブランド」って書かれてて、校正のときに「すいません、ビーントゥバーブランドだけ消してください」って言ったら「え?　でもビーントゥバーブランドですよね?」って言われて「そうなんですけど、大手さんもそうなんで……」「でも事実としてそうですよね!?」みたいに結構強めに言われることとかあって。そういう人たちは、流行らせたくてやってるんでしょうけど。

やっさん　ビーントゥバーっていっちゃったほうが編集もしやすいだろうしね。

真也　だから自分たちで名乗ってるのは、「チョコレート工場」。まあ、実際は工房やけど(笑)。

やっさん　規模からしたら、工場じゃなくて工房ね。そこを、自分たちが工場って言い張ってるような感じ。

経理はとにかくザル。スーパーざっくりやってた(真也)

真也　お店始める前は、ほかの小売店に卸せんと食っていけないと思ってたよね。でもやってみたら、最初は95パーセント店の売上。こんなに忙しくなるとは……(笑)。

A2C　できたそばから包んで、「あと何分でできあがるんでちょっと待ってください」って声かけて。「ハイできあがりました～!　今パプアニューギニアとベトナムできあがりましたけど～!」「あ、じゃあ2枚ください」みたいな。

真也　その間、おれは必死でコーヒー淹れてる。

やっさん　普通の店だったらクレームが来るような感じだよね。商品が用意できてない状態。「作るそばから売れたから」

って言ったって、言うほど作れてなかったのもあって。

真也 でも最初から、週500枚くらい作ってたよね？

やっさん そんなに作ってたのかなあ。

真也 だって最初は1日12時間くらい働いてたやん。そんなゆっくりしてなかったよね。

A2C してなかったね。

やっさん まあ確かに、作れば作るほど売れるっていうのが最初からあったからね。

A2C 来てくれるお客さんもさばかなあかんし、っていう感じだったよね。

真也 最初、手作りのレジでやっていたらパニックになって。コーヒー淹れながら注文とって、「あー！　おつりー！」って感じ(笑)。すぐにレジアプリみたいなの使うようになった。「iPad買おうかあ」みたいな。

A2C お金に関しては特に、店が動き出してからもザルやった。途中からやもんね、経理とかやるようになったのも。

真也 2年経ってから。

やっさん 2年？　いやいやもっと経ってからでしょ。3年か4年か……。

真也 とにかくそれまでは僕がスーパーざっくりやってた。マックスの売上を数えて、粗利益を見て。粗利益が85パーくらい。原料費が15パーセントくらいで。たぶん計算間違えてたけど(笑)。ネットで調べて粗利の40パーセントを給料として配れば間違いないっていう知識だけあったから、給料にしてみんなに分配してた。1年経つくらいのときにはそれぞれ月に30万円くらい持って帰れてたかな。

やっさん 売上に対しての給料だったから変動してたね。

真也 その計算で、入ったばっかりのスタッフに28万（田舎では高額なんです……）くらい払ってたな。

A2C そんな気がするね。

真也 法人成りしたのは2年経ってすぐか。スタッフとして最初に入ってくれたのは、マコロンかなあ……。

A2C 正社員としてはにじこちゃんよ。

真也 そうね。でも、最初に手伝ってくれたのはマコロン。バレンタインのとき。オープンしてすぐ、僕が友達の結婚式2連チャン入っちゃって。

やっさん 真也は肝心なときに違うイベントがある、みたいなのはその頃から結構あった。

A2C その頃「から」(笑)。

やっさん 今でもあるからね。

A2C ちょうど旅行雑誌の『ことりっぷ』がウェブ通販してくれたんよね。早かったよね。3個セットを200個限定で。これが初めての通販やったな。

やっさん でも最初は売れてなかったんよ。「あんまりたいしたことないね、真也もいないし、ゆっくりやれるなー」と思ってたら、ちょうど全国ネットの旅番組がうちにも取材来てくれて、それがバレンタイン前に放送されて。その放送されてから電話がめっちゃ鳴る。その頃は店に電話がなくて、問い合わせ電話番号を真也の携帯番号にしてて。

真也　だからおれの携帯番号にかかってくるんよね。おれは結婚式で実家にいるというのに（笑）。取り寄せしたいとか、どこで買えるのかとか、ずーっと携帯が鳴りっぱなし。

A2C　むちゃくちゃすごかった。通販もほかでやってなかったし。期間が2週間くらいだからこれくらい売れたら万々歳かなってことで200個だったんだけど、放送があった時間帯にぶわーっと全部売れちゃって。1日のうちに200個。まずそれを作らなあかんし、発送せなあかんし。詰んだな、と……。

真也　おれの携帯は鳴りやまないし、バレンタインなのに店いないし……。あれは大変だった。

世間が「エイジング」を推すならおれらは「新鮮なチョコレート」（真也）

A2C　でもさ、結果的にはこの「場所」を選んだのがすごくよかったよね。尾道の商店街で「やれなかった」のか「やらなかった」のかはまあわからないけど、この店舗はわざわざ来ないと買えないから、みんなが「ウシオに行こう」と思って来る。だからみんな買って帰る。「せっかく来たし1～2枚買って帰ろうか」みたいな気持ちになるんよね。そしたら「1杯だけなんか飲んでこうか」って客単価が上がる。それは、僕は頭にあったな。毎日売り切れてるパン屋じゃないけど、売り切れることで箔がつくっていうのはあった。

真也　それで「新鮮なチョコレート」っていうパンチラインも作った。

A2C　そう。いいフレーズだけど、でも「新鮮」「できたて」のチョコレートが美味しいのかどうかは、実はわかんない。

やっさん　実際、そんなこともないよね。

真也　ただ世間が「エイジング」とかいってもてはやしていたってことは理由としてあるよね。エイジング、時間経過したほうが美味しいっていう説。だけど僕は、できたてほやほやの冷やし固めたばっかりのを食べて「めっちゃ美味しいやん」と思った。世間がクラシックに「エイジング」とか言うんやったら、おれらはストリートな感じで「できたてフレッシュが美味しい」って言おうと。それで「新鮮なチョコレート」。

A2C　それまで誰も言ってないよな。チョコレートを新鮮って表現しない、刺し身じゃないんだから。

真也　結局、どっちも美味しいよね。新鮮でもそうじゃなくても。

やっさん　うん、どっちも美味しい。
A2C　違った美味しさが楽しめる。
真也　賞味期限は1年くらいにしてるけど、3年ぐらいは食べられる。結局、エイジングも最高（笑）。
A2C　賞味期限はどうして1年やったっけ。
真也　他の人がそうしてるから（笑）。
A2C　これはオフレコでしょ？（笑）
やっさん　いや、全然オフレコじゃないでしょ。実際そうなんだから。
真也　国の食品データベースで「カカオ」って出ないんよ。「チョコレート」は出るけど。
A2C　それくらいカカオは未知の世界なんよな。わからないことがたくさんある。
真也　食品衛生法の表示を作るときに、オーストラリアかなんかのカロリーベースからひっぱってきて日本語訳したやつを提出したよ。
A2C　わからなくても表示しないといけない。
真也　「根拠は？」とかいわれて。「オーストラリアの……」。
A2C　でも実際僕らは1年目だからわからなかった。その時点で作ったチョコレートが1年以上経ってないから。だけど、本当に1年経っても余裕やな。美味しい。

2015年―スタッフを迎えて

「3人のキャラが強すぎて働き方がわからないってみんな言う」（やっさん）

真也　話を戻すと、最初のバレンタインのときからマコロンがまずふわっと働き始めて、ちゃんと従業員として入ったのはにじこちゃんが4～5月くらいだったかな。その少し前におれらが雑誌の『BRUTUS』に載ったんよね。『BRUTUS』に載ったから、働きたいですって人来るんじゃない？」って話をしてたら問い合わせが来て「働きたいです」と。「おおっ、来た」となったけど、面接に来てみたら、どうもおれらのことはまったく知らない。何屋さんかさえあやしい、くらいの人。ただただ生活に困窮して「あそこやったら雇ってくれるかも」っていうのだけで来た。『BRUTUS』見てない。そのにじこちゃんが、のちの工場長になるんだからね！
やっさん　今となってはかえってそれがよかったのかもしれないけど、そのときは、「うちで働けるんかな？」っていう、不思議な子で。
真也　特に求人とかもしてなかったけど、そのときは手がほしかったしね。
やっさん　求人はほぼしたことなかったね。

真也　バイブスで自然に来るんじゃない？っていう。そのタイミングでハオちゃんも来たんよね。ハオちゃんはベトナム人で、ツバの広い、広すぎるハットかぶって。キャラ強いからカフェとかやってくれんかなと思って聞いてみたら「ちょっと東京でやりたいことあるんで、バイバ〜イ♡」って言いながら去っていった。

やっさん　最終的に働いてくれることになるんだけど。

真也　にじこちゃんはそこから2021年に独立するまで6年、パンパンに働いてくれましたね！

やっさん　彼女は社会経験がうちが初めて。かつ変わってる子なんで、うちでよかっただろうなって思う。

真也　まじめやけんね、働くうちに段々よくなってきた。

やっさん　最終的にショッパーのイラストとかキャラクターとかを描く感じになってきて、ちょっとずつ個性が出てきて。最後のほうはおれらが怒られる側に。

A2C　もとからちゃんと繊細というか人のこと見られる人だなとは思ってた。言葉の選び方とかからね。

真也　ウシオチョコラトルでは最も重要な人物の一人。僕の感覚では、あっくんがいた頃は「3人社長」っぽい雰囲気で、そこににじこちゃんやマコロンっていう従業員がついたみたいな感じかな。

やっさん　従業員が入ってくるたびに、「どういうキャラで働いていいのかわからないんです」っていうのが、働く人共通の最初の悩みみたいで。みんな口を揃えて言ったのが「3人のキャラが強すぎて、自分がどう入って、どう働いていいかわからない」。

真也　なんか一芸必要なんですか、みたいな（笑）。

やっさん　必要ないんだけど、みんなそれを気にする。まあでも、その後も求人を出したことはしばらくなかったから、人が勝手に働きたいんです、って来てくれるという流れかな。

真也　お客さんがこれくらい来るから人数がもっと必要、とかも考えずに。とにかく「粗利の40パーセントをお給料にする」っていうことだけ守ってた。働きたいって人が来て、スタッフが増えたら、量を作れるようにする。増やしても増やしても2年くらいは完売してたし。

A2C　冷蔵庫とかも増やしたりするけど、「もうなくなってるやん」って。

真也　でもスタッフが入ってくれてから、自由にイベントなんかの出店に行けるようになったのはよかったね。店を開けたまんま出店行くとかができるようになったから。

A2C　それまでは閉めて行ってたよな（笑）。

真也　店を閉めてイベント出店に行って「食べログ」にボロクソ書かれたね……。

やっさん　あー、あったねー。

真也　キャンプのイベントで三日間だっけ。まあ、それがゴールデンウィークだったからね〜（笑）。

A2C　「ゴールデンウィークに無断で開けないなんてどうかしてる」って書かれた。だっておれら、どうかしてるもんね！

真也　お客さんってこういうところにイラッとくるんだなと思って、休むときは、Facebookとかで全国に告知しようって学んだ。

やっさん　その時々は「うっせーな」と思うんだけど、思いながらも学んでいくというね。

ケミカルとオーガニックは表裏一体（真也）

A2C　イベントの出店っていっても、オープンしてからはそんなになかったんじゃない？　毎日が売り切れてたなという記憶しかない。

真也　イベントは、「ケミカルクッカーズ」組んでからかな。

A2C　そうか、ケミカルクッカーズは2015年くらい。

真也　ケミカルクッカーズっていうのは3人で始めたラップクルー。後にDJ／PoP／（Prizon of Philosophyの略）が加入して1DJ3MCになりました。

やっさん　真也とおれはヒップホップが好きで、あっくんは意外と「音楽は好きだけどプレーヤーにはなるなんてそんな身分じゃございません」みたいな感じだった（笑）。逆にこっちからしたら、「それだけアピールできるんだったらラップなんか余裕だよ」って思ったけど。開店して、洗いものしてるときとか、暇な時間に真也とフリースタイルみたいにラップしてたら、あっくんも入ってきて。

真也　意外とノってきたな。

やっさん　尾道で船を貸し切ってどっかの島に行く旅行みたいなのがあって、その船の上でライブをやることが決まってたんよね。それでライブのために2曲くらい作ったのが具体的なきっかけ。

真也　チョコレートの販促活動、チョコレートを売るための活動ということでね。

やっさん　やってみたら面白かったんよね。チョコレートの出店で、「ステージもあるんでライブできますよ」とか言われるようになったり、逆に誘われてもないのに「ライブもできるんですよ」って言ったり。イベントに行けば行くほど、自分たちのなかで「爪痕を残して帰らないといけない」っていう空気感が出てきた。チョコレート売れようが売れまいが、ライブで。

真也　それ、やっさんだけやん。

やっさん　いやいや、そんなことないでしょ。

真也　まああっくんはどこ行ってもヤルし、あっくんのエンターテインメント性に引っ張られて、「おれもやらな」みたいになったよ。「チョコレートの販促活動」って言ったほうがウケるからそう言ってたけど。曲作りは、「ちょっと音楽やってたんだよねー」って言うから、やっさんがトラックメーカー。

A2C　音楽やってたのは知ってても、バンド名に関しては今日初めて聞いたけどね。

やっさん　チェックメイツね(笑)。ケミカルクッカーズって名前は真也が決めたよね。

真也　昔、テレビで「BAZOOKA!!!」っていう番組があって、その中の「ケミカルクッキング」ってコーナーを観てさ。ウエルカムドリンクでーす！ってその場でファンタの粉を混ぜてたり、コンビニのハンバーグ弁当を一から作るっていってピカピカのハンバーグ弁当ができあがるんだけど、ほとんど粉（食品添加物）でできてるのよ。それですごいと思ったよ。『チベット死者の書』ってあるやん。ビートルズがチベットに行ったら、ぶっ飛んだ状態の世界が経典に描いてあって、「すごいやん、ってなんでこんなの描いてんの」って僧侶に聞いたら、僧侶が「瞑想したら行ける」って言って、それで僧侶にLSD食わせるけど、僧侶にとっては瞑想したらいつでも行ける世界だからパニックにならなかったっていう話が、おれの中にまず、あるんよ。

A2C　えっ……？

やっさん　今のちょっとよくわからんけど……。

真也　全部繋がっていくんだけど、コロンビアのアルワコ族が作る秘蔵のカカオを使ったチョコがミニマルチョコレートさんから出たやん。みんなで味見したら、品質が良すぎて、チョコレートなのにぶどうの味っていうか、雑味もなくてめっちゃクリーンで。

やっさん　あれな。もっと極端に言うと、チョコなのにラムネみたい。カカオと砂糖しか使ってないのに、科学的な味なのかなって思うくらい。

真也　うん、そのときもあっくんがそう言ったんよ。おれが「美味しいな、突き詰めたらこんなふうになるんだ」って思って食べてたら「あれやな、行き過ぎて『わたパチぶどう味』みたいやな」って。それ聞いたときに、「ケミカルクッキング」と『チベット死者の書』とが頭の中で「ババババーン」ってなった。瞑想とかオーガニック突き詰めるのって時間かかるやん。体に負担がかかるけど、その時間がかかった特異点に一発で飛べるのがケミカル。香料とか酸味料とか入れたら一発でバーンっていけるんだけど、入れなくても、結局同じところに到達点がある。その行程で身体に負担がかかるか、じっくり鍛錬積んでいくか、みたいな感じなんだ、と思ったら「真理は一つ」みたいになって。それで、ケミカルクッカーズの誕生です。

やっさん　そういえば当時もそれ聞いたけど、すっかり忘れてたわ。

A2C　でもその〝行きつく〟ってのはおもろいよな。表裏一体やから。ウシオのチョコはめちゃくちゃクリーンだから、クリーンなものだけでは面白くない。だからむちゃくちゃケミカルな部分を音楽に出すとか、めちゃくちゃ悪態つくとか、裏も表もあったほうがいい。もとから「おれ達みたいなやつでもチョコレート作れるんだから、もっと経済的にもやれる人がやればいいのに」みたいな感じがずっとあるんよな。

真也　こういう小規模なチョコレートにたいして世間の人がどういうイメージかっていうと、「職人がこだわった手作りのチョコレート」とかいうキャッチコピーと「ふぁ〜〜ん」っていう音がするウェブサイトみたいなイメージがあったよね。それ当たり前やん、素材を厳選するのは。「厳選した素材」とか書いてある。でも風景写真見せて「ふぁ〜〜ん（音）」って、それは絶対いやだから、逆いくっていうだけの話。スプレーでぷっしゅーーーって壁に描いたあとになんか食う。その人達が何食うかっていったら、今までスニッカーズだったのが代わりにウチのチョコみたいになったらいいなって。

A2C　そう考えると値段が高いという人もいるかもしれないけど、おれらはこれが実は安いと思ってて。説明するときに、「チョコレートを食べたときの満足感」の話をする。おれはお菓子でもケミカルのものも全然食うタイプだけど、たとえば100円のチョコレートとか、食べだしたら止まんない。それで食べきっても結局満たされないから、次におかき食ったりするわけ。でもおかきで今日終わる？　いやいや終わらんやん……ってまた食う。これだけ摂取してもあんまり「満たされて」ない。ただウシオのチョコレートの場合、ひとかけ食ったら「あ〜チョコ食った〜」って満足する。他のものはいらない。一緒にコーヒーがほしいかな、くらい。めちゃくちゃ美味しいウニ、たらふくは食べたくない、っていうのと同じ。むちゃくちゃ美味しい日本酒をがぶ飲みしなくていいっていうのと同じ。キュッと飲んで「ああ、これが一番うまい」っていうのんが、ウシオのチョコなんですね。あの1枚、ひとかけ食えばいい。

真也　値段の付け方は、アメリカだと同じぐらいの容量のチョコレートでだいたい7ドルだったことから考えたんよね。日本円で800円くらいだったのでそれを輸入したら関税とかマージンとか入って1200円くらいになる。日本でチョコレート作り始めた人たちは、最初その「輸入された価格」に合わせて値付けしたんやろね。１２００円くらいのが多かった。俺たちは「7ドル」みたいな感じでいきたくて、８００円くらいにしたね。今思うと１０００円にすれば良かったけどな！

A2C　だから比較してみると、世の中に出回ってるうちと似たようなチョコレート、もうちょっと高い。ウシオのチョコは値段をギリギリに抑えてて、それはいろんな人にその体験してほしいから。もうちょっと儲けようと思ったら、50円でも20円でも上げとけばだいぶ違うやん。でもそれをしないのは、真也が言ったようにスニッカーズの代わりに食べてほしいとか、もっと「当たり前」におれたちがある。

2016年―法人成り、foo CHOCOLATERS の誕生

事業計画書出したらすんなり1億借りられることになっちゃって（真也）

真也　あっくんが働いていた浪漫珈琲さんと話したときに、起業して免税されてる消費税を2年経ったら払わないかんから、2年経ったら法人化したらいいよ、って話は聞いてた。まあそんぐらいのことで「2年経ったら法人かな」と思ってるところで広島空港から出店しませんかっていう話が来て、銀行にお金も借りんといけんし、株式会社にした。アカツキシンジケート株式会社。

A2C　おれは「中村屋」がいい！って言ったけど。

真也　それは大手の中村屋があったから却下で。僕の次女のアキラちゃんの漢字「暁」に、レゲエのソウルシンジケートからシンジケートを頂いて「アカツキシンジケート株式会社」にしました。

やっさん　広島空港への出店、そのときから暗黒時代だねえ。

真也　その話が来たときに、最初は無理やろ、と思ったよ。空港に出店する、しかも店舗だけじゃなくて工場もそこに作るっていう話で。でも、その頃っておれ自身がビジネスモードに入ってて、「ここで勝負せんかったらいつするん？」みたいに思ってた。考えるだけ考えてみようと思って実際に考えてみたら、「あれ、なんか面白いな」ってなってきて。その時点ではうちで作れないヴィーガンのミルクチョコレートの企画とかをそこでやればいいかって。その頃に、後閑（ごかん）ちゃん（１３３ページから対談）と出会って、この人をボスにして、フェミニズムの考え方も入れちゃお〜っていう考えになっ

ていった。女性が活躍する社会にしていこうってことは前々から思っていたしね。それで始めたのが、foo CHOCOLATERS(フーチョコレーターズ)。

やっさん　僕ら3人は早めにやりたいこと見つけて早く個々で独立していこうっていう考えがあったから、真也にも「2年経ったらやりたいことやろう」みたいな感じでは言われてたね。

真也　2年ぐらいでみんな独立しよう、ってのは言ってたね。

A2C　映像の取材受けたときあったやん? 3人がバラバラで取材受けたけど、言うてること似てたな。「ずっとここにいるつもりはない、でもウシオ自体はずっと続く」ていうことは。そういうことは空港やる前から言ってたよね。

真也　そんなときに空港の話があってね。

やっさん　広島空港が民営化されるにあたって何か新しいきっかけを作らないといけないっていうときに、地方のニュース番組でうちが特集されて、「尾道にチョコレート工場があるなら空港にチョコレート工場作ったらいいんじゃない」っていう発想で声をかけてくれたみたいね。

A2C　面白いなとは思ったよね。まあ、資金繰りができるなら、っていうのはあるけど。

真也　空港から銀行を紹介されて、最初に「いくらほしいんですか?」って言われた。そのときなんとなく「おおげさな数字を言っておいて、それでやっと3分の1ぐらい借りられるのかな」という感覚があって、僕は2000万か3000万くらいの感じで借りたいなと思ったから「1億です」って言ったら「あなたね、普通こんな話門前払いですよ!」とか言われて(笑)。

A2C　普通はな。

真也　「そうですよね〜」なんて言いながら「こんな感じです」って事業計画書を出したら、それを見て「ふむ……」みたいな感じで「いけそうですね」と。それですんなり1億借りることになっちゃって。

やっさん　それぐらいウシオがイケイケだったんよね、その頃。売上についても1年間で1億にいきそうだな、っていうのが見えてきたときに、「自分たちが1億売り上げる会社になるのか……」みたいな感慨もあった。だから空港の話で1億借りるってなったときに、すごい数字ではあるけど、実際に「自分たちが経験していってる」という感じがあって、しっかり現実的でもあるというか。もう真也は1万円より下の数字計算できないですよ。

A2C　……これはやっさんなりのジョークね、わかりにくいね。

真也　工場を作るのも全部うちでやらなきゃいけなかったけど、今だったらめっちゃ交渉するよね……。そのときは経営者としてド素人。空港が工事費用を負担しない、出店を頼まれた立場で1億円かける……今だったら「なんでこっちがリスク背負わなきゃいけないんですか」って言えるけど、そのときは「ハイ……」って感じ。それでまあ、始めてみたら空港の店が思ったより売れない。

やっさん　空港を支えるためにウシオががんばるみたいな日々になった。空港は家賃にしても尾道からしたらえらい金額。

真也　ウシオのほうは家賃3万円だったから（笑）。

やっさん　だから空港の売上もウシオの倍とか3倍いくような規模感の事業かと思ってたら、ウシオの半分とか3分の1の売上しか立たないっていうことで、暗黒時代が始まるんよね。

真也　まあそれは今も乗り越えきれてないね。

やっさん　でもそれについては真也のメンタルが……なんていうか、「強い」とかじゃない、「おかしい」。普通の人だったら緊張するとか、不安で眠れないとかそういうのがあってもおかしくないレベルのことが何回もある。でも、理解してないのか、感じないのか、強いのか……。というか緊張ってものがなにかもあんまりわかってない。

A2C　いや、意志が強い。そういうところはおれないから。すげえ……じゃない、〝ちょっと〟リスペクトしてる。

真也　（笑）。ライブとかでも、始まる前に眠くなるんやけど、それで「これ緊張してるんだ!?」ってわかったことがあった。心が緊張してて、ストレスがかかって眠くなってる。

やっさん　それを30歳過ぎてから気づくんだから。普通の人だったらいくらでも「緊張」を経験してきているし。なんかその緊張が「ただ眠たいだけ」くらいにしか感じ取れない。

真也　「ちょっと体調悪いな」みたいな。銀行とか行って交渉するのも全然緊張しない。大事件とかもいっぱいあったけど、全部楽しかった。

A2C　器がでかいんよ。

やっさん　真也の性格には、その瞬間、瞬間では、おれらが気をもむということもまあ、あるよね。

A2C　おれはウシオに関してはとにかく真也の好きにやったらいいと思ってるから、悔いのないようにやるために、おれの力が必要だったらなんでもする。よくしようというアイデアとか、こういうのはどうだとか、提案はもちろんある。そのなかで最終的に気持ちいいのを選んでいくべきだという思いかな。

やっさん　それはわかるけどでもやっぱり「大丈夫!?」みたいなことはあったよ。僕はお金の部分を見てたし、保守的なので、「これいけるの?」みたいなことも。そもそも空港の話でいうと、「いつ空港たたもうか」みたいな話は、何回もあったんですよ。

真也　銀行側から言われることもあったしね。

やっさん　そう、foo CHOCOLATERSのオープン後はおれが銀行と結構やりとりしていて。銀行に洗脳されるじゃないけど、「あなたたち、この垂れ流しているのを止めないともうお金貸しません」みたいなことをおれには強く言ってくるんですよ。

真也　でも僕が行くと「貸しまーす」みたいな感じ。

やっさん　おれは担当者の人と話してて、真也はえらい人と話すからちょっと温度差がある。こっちはシビアになるし、真也は「いや貸してくれるって言ってたよ」みたいな。

「暗黒時代」といっても、それが悪いばっかりではないよね
（やっさん）

真也　ただ、今になってわかることなんだけど、相対的に見ればそんなに言うほどやばい状況ではなかった。世の中の会社の「やばい状況」は、マジやばい。ほかの経営者とかの話を聞くと、やばいところは元金を返せてない。ぼくらはずっと返し続けたから、2年くらいで3～４０００万は返してるやろ。だからさらに借りられる。結局、２０２０年、コロナで絶望的になったけど。

やっさん　２０２０年に東京オリンピックがあるからそれまでは続けたいっていうのが真也の考えだったから。「それより、銀行さんも早くたたもうって言ってるからたたんだほうがいいんじゃない」みたいなやりとりは２０１９年ぐらいには何回もあって。おれも「もう無理や、銀行と交渉したくない。あとは頼むわ」みたいな。

真也　やっさん、涙目でね（笑）。

やっさん　そのときにまた、真也がどっか出張行ってたんよ。それで担当の人に「もう空港たたまないとお金貸しません」って言われたときが、ピークでちょっとイラついたね。

真也　ああ、インドネシアや（笑）。

やっさん　空港たたんでウシオだけにしたときの事業計画も考えて作ってて、それを提出するということもしてた。だけど真也には頑なに思想があるから、それを尊重する以外、うちの会社はない。でも２０２０年にオリンピックない、って話になって。

真也　コロナ禍になったときに、家賃の減額とかできないんですか？って聞いたら「検討していません」って言われたときに、ああこんなにクールなんやったらおる必要ないやんと思った。

やっさん　そういうやりとりもできてなかったんだろうね。

真也　できてなかったんよね。担当者の人とは熱い話をしてたつもりやったけど。結果、そうなったときに「なんとしても守りますよ」みたいな感じはなかった。この状況で家賃の減額すらすぐ出てこないんだったら、付き合う必要ないやんって思って「出まーす」って結論に。

やっさん　でも暗黒時代が悪いばっかりではないよね。実際にあのタイミングで失敗してなかったらもっとおおごとになってるかもしれない。もっと早く会社つぶれてるとか。

真也　東京にお店出しませんか、って話もいくつかあったよな。おれが「出したい」って言ったら、やっさんが「東京出すんやったらおれ辞める」って。

やっさん　だってそのときはまだ空港もあって、空港もたたまずに売上を出すために東京にも出すっていう話でしょ。さらに負担が増えるんだったらおれももうこれ以上計算しようがないみたいになって。「それやったらもうおれ考えられんけん、辞める」。

真也　やっさんは担当者に詰められてる、おれは詰められてない、って違いもあった。それにおれはそういう話があったら大体いつもやりたいと思うタイプ。でも、空港のことがあって気をつけようと思うようにはなった。やるんやったらちゃんと交渉するとか。

やっさん　真也は長い目で見られるタイプで、おれはせいぜい1年先ぐらいしか見られない。真也は「今は大変だけど3年後にはうまくいってるっしょ」というのがあるから、堂々としていられる。

真也　手相占いとかでもそう言われるし、みたいな。

A2C　なにそれ、占いでなんて言われたん？

真也　40歳で金持ちになるって。占い師全員に。

A2C　最高やん。

真也　最高やろ。空港の店は、僕としては、初めて「マーケティング」したつもりだったというのもある。ヴィーガンとかフェミニズムみたいなのがこれから認知されていくうえで、こういうコンセプトがあると売れていくんじゃないかな、と。でもそこがへたくそだった。

A2C　というか早かった、早すぎたんよ。世間がついてこれてなかった。目のつけどころはよかったし、おれたちも世間も体力がなかったのかなと思うし。

やっさん　でも早すぎたっていうのも結果論だよね。ウシオはそれでうまくいったわけだし。

A2C　まあね、早すぎてもあかんし、遅すぎてもあかんのやな。

真也　でもそれで「マーケティング」なんて二度としないと思ったよ！　元のウシオチョコラトルのときに返って、「本当に自分が作りたいもの」しか作らないって決めた。「誰かがほしいだろう」で作るのはもう二度としない。そこを経なかったら、今そうは思ってない。そういうタイミングで然るべき人と出会うこともあるから、僕の中では空港で店やったことはすごくよかった。混乱やったけど。人間も多くなったからもめごとも増えて、ぐちゃあってなった。これが会社なん!?みたいな。

やっさん　総勢25人とかいたときあったな。

真也　役員とかそういうこともわかってないから、ちっちゃい会社なのに役員5人おるみたいな。取締役社長、副社長、専務……。おれら3人のほかにはマコロンと後閑ちゃんが役員。そもそも役員がなにかわかってなかった。「どっちがいい?」「響き的に役員いたほうがいいんちゃう!?」みたいな感じで、登記してみたら役員にはボーナス出せないってことを知ったり(笑)。

A2C　会社組織の中のただの肩書というか、形だけのものでね。

真也　結局、foo CHOCOLATERSは2018年の3月3日から2020年の12月31日まで。

A2C　おれが2019年の8月で辞めてるから、そのあとの話はいま初めて聞いたんよね、実は。たたむかたたまないかっていう話はそれこそ役員会でなんぼでも出てたけどね。毎月その頃はそればっかりやったよね。foo CHOCOLATERSのこれをどう補塡(ほてん)するか。どういう戦略を持ってやっていくか。

真也　その頃はウシオのこと言ってるひまなかった。ピリピリして。基本的には役員会だから5人なんだけど。ちょっと敵同士みたいになっちゃったこともあって。うちうちでこんなんなってたら絶対よくならんな、と思いながら、その時はどうしようもない。

辞めるときは、「おれたちを過去のものにしてほしい」という気持ちもあった (A2C)

真也　さっきさらっと言ってたけど、あっくんが辞めるというのを聞いた時も、もともと独立してどんどん抜けていくっていうスタンスだったから、そんなにショックは大きくなかったかな。次のステージにいくことは応援する。

A2C　だいだい辞める1年位前には言ってた。子どもが生まれて、息子が1歳になるのがきっかけかなあ。奥さんが地元の大阪で子育てしたいなという気持ちが出てきて家族会議をして。じゃあ、ウシオは2014年から始めて5年になるし、今から言っておいたら準備もできるだろうと。まあ、引き継ぎも何もなかったけどね。

やっさん　そんなことない、引き継ぎはしてくれてたよ。辞めるって言われたとき、おれは正直ショックだったけど、あっくんにお願いしてた部分を自分たちでやらなきゃいけなくなる、そこに対しての不安だったと思うんよ。だけど今になってみれば、あっくんがやってた仕事を誰かがやらなきゃいけなくなるっていうことがよかったかなっていう感じもある。自分たちにとっても、スタッフにとっても。

A2C　それは狙いというか、そういう気持ちもあったんよ。おれら3人いたらキャラが強すぎる、入ってくる子らが躊躇しちゃうという話があったやん。それは自分でもめちゃくちゃ感じる。壁を作ってしまってるなあっていう感覚。3人揃ってたら、おれたちにとって特別やから、めちゃくちゃ居心地がいいし、おれはおれでラクしてる。で、ウシオにいる間は、おれたちの発想であったり、やってることを飛び越えてくれ！と思ってた。「なんかアイデアないの？」とか「良くしようよ」とか「言われてることだけやるの？　自分で考えて動いて」って思ってたんだけど、なかなかそれは難しいらしい。そう思うと、じゃあそのうちの一つ、僕というところに穴が空いたとしたら。穴を埋めてほしいんじゃなくて、大きい穴が空いたら風通しをよくして、どんどん面白いものを提案したり、言ったりしたらいいんだよと思った。おれたちを過去のものにしてほしい。自分のやり方でやってくれたら、仮にチョコレート工場がなくなったとしても、そのあとその人達が個人でどこかに行ったときにパワーになる。中にいて発信し続けるか、いなくなってどうするか、みたいな気持ちもちょっとあった。おこがましいけれど。真也とやっさんの二人に関しては、こうやってまた会ったときに「おれ今こんなことしてるんだ」っていうことを言いたい相手。くさい言い方したらライバルみたいな感覚かもしれない。べつに毎日会わなくてもいいし、10年後成果を持ってギャフンと言わせたい、数少ない人たち。そういう人と出会えたことに関しては幸運だなと思ってる。

真也　実際にあっくんがいなくなって、「あー！」「あっくんがおらんくなった、どうしよう！」とか考えてもしょうがないから、あっくんがおらんくなるんやったらこうするしかない、ということをやるだけ。論理的に！

A2C　そもそもそんなにおれに比重なかったし。

真也　でもあっくんがいなくなって、やっさんがイラストレーターとか使えるようになった(笑)。まったく触ったことなかったのに、引き継ぎで1ヶ月くらい向かい合って教えてもらって。

やっさん　できないことができるようになったってことで、残ったメンバーが成長しているね。

A2C　ビジネスの受け答えとかもね。

真也　あっくんのあとにも、マコロン、パティシエのキシシが独立して。ほかにもたくさん辞めていった人はいて、そのたび残ってる人たちの気持ちが強化された。

やっさん　いま14人（座談会時点）かな。

真也　もめごともあんまないし、いい感じよ。

やっさん　途中からはこれだけのことをやるんだったらこれだけの人数必要だろうってことで人数を考えてたけど、今はもう限られた人数でどこまでできるかってほうにシフトして。みんなが大変にはなるんだけど、個々が生産能力上がるというか、むだが減ったよね。

真也　ここへ来て「こんなことできるようになったん!?」と思うこともあるね！　人って成長するんだ、みたいな。新しいことを覚えていくし。ギャルのアイカちゃんなんて「17時まであと何分?」みたいな感じで時計見ながら仕事してたのに、今やもう「これだけやりきって帰ります！　時間内に！」みたいな、頼もしい感じになった。

やっさん　それも、みんなにとって自分たちがやらないとまわらないってところまでいっちゃったんだよね。

真也　それまではあっくんとかやっさん、マコロンが「こうしよう」って決めたものをただやるだけ。だから誰でもいい感じだった。そこからいきなり「責任者」ってなってたらうまくいかなかっただろうけど、みんながだんだん責任感が出てきて、会社とともに成長していったみたいな。今はおれらがいなくたって店は問題ないはず。

やっさん　むしろ邪魔っていう感じ。

真也　おれはもう一切、製造はしてないし。シフトにたまに入るみたいなやり方だと、「ここのイベント来てよ」って言われたときに「シフトあるんで」って断るとかで逃すものがあるのが嫌だし、さっきのタイミング悪いときにインドネシア行ってたっていう話も、それで最高の素材が輸入できたり、活きてくることはあるから。そういうのがあるから外には出ていかないといけない。やっさんは絡みやすいから、「やっさんシフト入って〜」みたいに言われる（笑）。

A2C　やっさんは製造スキルもあるからな。

真也　出店については、やっさんに行ってもらうことも多いよね。あっくんがいるときはあっくんにめっちゃ任せてたな。あっくんが行ってくれると、行った先の人が絶対に満足するから。「これあっくん行ってくれん?」みたいな。

やっさん　イベント出店もコロナ禍前は週1、2回あったし、季節に1回は大きいイベントがある。

A2C　秋は多かったね、おれたちもチヨコレート売りやすい季節だし。

真也　そういうときに、経費がいくらかかって、いくら稼いできて、純利がいくらかを出そうって言い出したのはあっくん。

A2C　「フォーマット作ったからみんな出しなさい」って。目標とか。なんぼほどチョコを用意したらいいかってそれでわかるから。手当り次第行ったらもったいないから、目標立てて。変な言い方だけど、ブッキングするときに「いいところ」に行こう、と。売上が目的のところなのか、繋がりが目的のところなのか、恩があるのか、いろいろある。それを可視化することによって、「あの人が今こうやってるから、こっちを私達は支えよう」っていう感覚でもいてほしい。イベントに来た人に適当に売って日銭を儲けて帰るだけじゃない、意味のあるものにする。

真也　そのフィードバックっていうヤツが大事だった。僕は産地とか行って、ほんとに重要な仕事をしてるんだけど、それだけだと従業員にとっては何して帰ってきたかわからない。それは、フィードバックしないから、ぼくのせい。ちゃんとこういうことしてきました、っていう報告があればよかったっていうことで、そういうのをやろうよって。マコロンもそういうの作るの得意やった。

A2C　人が多くなってきたらそういうのも必要っていうことよね。みんなとずっと顔合わせて話もできへんから。おれたち3人はオープンする前にそういう時間がいっぱいあったけど。

真也　そういうのも全部含めて会社ができていくじゃないですか、それが楽しいっす。だからマニュアルがいるんやん、とかもわかるし。

A2C　必要なものがわかってくるんやね。

真也　最初はマニュアルなんていらん、みたいな感じやったけど、あったほうがいい絶対(笑)。最近やっと作ったね。製造マニュアルも、接客の最低限のマニュアルも。

やっさん　7年目にしてね。

真也　でも今じゃなかったら、意味のあるものはできていなかった。絶対そう。

世界を救おうと思ってる（真也）

真也　ちなみに二人は大事にしてることかあるんけ？

A2C　ウシオをやってきたなかで大切に思ってきたのは、「未来に残す」こと。僕らが揃ってると、「3人揃ってたときが一番面白かった」みたいな話になりがちなんだけど、僕はそうじゃないと思ってて。これからが一番、ピークが来ると思う。おれたちそれぞれが一番面白い時期が来る。「あのときが一番面白かったね」っていうつもりはない。おれはおれでそういう残し方をするし、かかわった人たちも自分たちの未来の一部にウシオチョコラトルがある。それを大切にしているかなあ。ずっと未来のことを考えてる。

真也 結構クサいやん。

A2C 僕はウシオにいる間に、愛というものを垣間見たね。ほんとに愛されるより愛したいって感じですね。愛されてるかどうかはどっちでもいい、自分が。おにぎりが好きだったとして、おにぎりがおれのこと愛しているかどうかはどっちでもよくて、おれがおにぎりを好きなんすよ。そこの中に一方通行であろうと愛がある、そういうのを、集まってくれた人たちを目にしたときにより強く実感しましたね。僕が愛されているから集まったんじゃなくて、愛している人がこんなにいたか、っていうのが見えると、愛してよかった、と。

真也 ……らしいですけど、やっさんはまだこれからなんよね？ そういうこと。

やっさん えっ、何の話？ おれの話？

真也 大切なものとかあんまりないやろ、クールすぎて。

やっさん おれは思想がないのよ。でも真也はめちゃくちゃ思想があって、話を聞いてもすぐにはわからない。たとえばヴィーガンとか言われても、一緒に過ごした何年間でようやくわかってくるみたいなのがある。だからウシオチョコラトルは……自分にとって価値観が変わっていくもの、かな。環境のこととか世界平和について真也の話を聞いたり、ウシオチョコラトルをやっていたりする中で「おれも、そう思う」みたいにはなってないわけよ。最初は二人が前に出てウシオチョコラトルを盛り上げていったのを見ていて、「こうしたほうがいいのか」っていうのをちょっとずつ学んでいって、自分も二人の「じゃない」役割を見つけてきた感じがある。

真也 やっさんも、これで独立したいなっていうものが一個見つかったんよね。

やっさん そう。そば打ち。と思ったけど、そばアレルギーかもしれんくて（後にアレルギーではないことが判明）。まあアイデアがほしいっていうのはずっと思ってます。ウシオについては「自分が何かやった」とは思ってないかな。

A2C まあ「3人でやった」と思ってる。自分が、ではないけど、3人じゃないと進んでないなとは思ってる。

やっさん そうね、「おれらの会社」とは思うけど、自分の会社というのはまったくない。真也は？

真也 僕はもうね、なんでやってるかって、世界を救おうと思ってる。めちゃくちゃ遠くに「世界を救う」みたいのがあって、今そのずっと手前のところで、生分解性のカップを使うとか、産地の労働環境を考えるとかがある。インドネシアのカカオとカシューナッツは自然栽培なので、労働環境がいいところのものを自分たちで訪ねて知り合うことでそれを使って、食べてもらう。そういうことしか今はできていないんだけど、おれたちはおれたちの食の道で、世の中をよくする。

何が世の中にとっていいなんて人それぞれかもしれないけど、自分の思う本質みたいのは、ちょっとあって、それに近づいていきたい。それはウシオチョコラトルでやらなくてもいい……けど、ウシオチョコラトルは僕の人生の核だから、カカオに関してやっていくっていうのは一番やりたいこと。世界を変えるかもしれないっていう可能性を、チョコレートは持ってる。

8

クラウドファンディング

【Crowd Funding】

A. 好き

単純に世界中の人同士が助け合う行為に近く、インターネットのあり方を肯定できる素晴らしい仕組みだと思う。ただ、自分中心のビジネスに相応しいか、が疑問。

僕が「チョコレート屋さんやるのに資金が必要で銀行からもこれ以上借りられません、資金援助願います」とお願いするだけだと「自分が利益得るための事業やろ?」と他人どころかもう一人の自分が問いかけてくる。

でも、「チョコレート屋を通じて、食べる人は健康になり、アーティストの名前は売れ、付き合いのある農園にも利益をもたらし、環境を汚さない製造方や資材の選択ができ、みなさんの投資が誰かに具体的に利益をもたらします。資金援助願います」というのであれば僕は喜んで投資するだろう。

foo CHOCOLATERS＆ウシオチョコラトル ボス対談

foo CHOCOLATERS（フーチョコレーターズ）
ウシオチョコラトルの姉妹店として2018年に広島空港内にオープンした、ヴィーガンミルクチョコレート専門店。商品のみならず、女性が活躍する場所としても意識して作られたコンセプチュアルな工場兼店舗として人気を博すも、2020年に惜しまれつつ閉店。現在はその思想を引き継いだボンボンショコラをウシオチョコラトルで製造・販売している。

後閑麻里奈（ごかん・まりな）
2017年、foo CHOCOLATERSのオープンにあたって入社。チョコレート製造の経験もないままボスに任命され、foo CHOCOLATERS店長として勤務。2020年に退社し、GRRRDENとして独立。

真也
ウシオチョコラトルのボス。この本の著者。

声をかけたら「やりたい！」って言ってくれたから（真也）

真也　最初に会ったのは、foo CHOCOLATERSを始めるより全然前よね？　具体的にいつ会ったかは覚えとらんけど。

後閑　私が尾道の近くで現代美術の仕事をしていた頃に知り合いました。それであるとき、翻訳を頼まれたんです。覚えてます？　ウシオでダイレクトトレードが始まって、英語でやりとりする必要が出てきて。それで真也さんから「英語できるんだっけ？」って連絡が来た。

真也　そうだった。僕はまったく英語できないし、他にも英語できるメンバーおらんかったから仲のいいお店とかで「誰かできる人いない？」って相談したりしてて後閑ちゃんの名前が出てきた。

後閑　私はもともと英米文学の勉強をしていたし、現代美術の仕事でも英語は使っていたので、事務的なメール対応ならできるかなって。

真也　それでまた久しぶりに連絡取りはじめた。同時期に僕はジェンダーの問題を考えるようになっとって。それは後閑ちゃんと知り合うのとは関係なくなんやけど、2016年当時、よく「女性が輝けない社会」みたいに言われとって、声を上げてる人はいるけど、経済活動で表現してる人はあんまりいないなっていう時期だった。そんなときに広島空港から出店しないかっていう話が来たのよね。だからその空港の店として女性が輝ける店を作ったらいいんじゃないかと思って。いろんな人と話してみると、どうやら後閑ちゃんがジェンダーのこととかLGBTQの問題とかに詳しいぞ、とまた後閑ちゃんの名前が出てくるわけ。

後閑 もともと私は大学では英米文学を専攻していたんですが、人類学や民俗学なども個人的に興味があったので勉強しながら、フェミニズムに関する本も読みはじめました。その流れの延長線上で、ジェンダーにまつわるZINEを作ったりイベントを開催したりしていたんです。

真也 誰かからそんな話を聞いて、これはぴったしやん!と思ったよ。

後閑 その頃は美術館でアルバイトしながら、自分の活動をしていて。

真也 その美術館にもウシオのチョコを置いてもらってたから、納品なんかに行くと後閑ちゃんが制服着てスーンとしてる(笑)。これどうなんだろ、やりたいことできているのかな?と思って話をして、僕がやりたいことを手伝ってほしいって口説いたとよね。

後閑 そうでしたね。真也さんに新しい店舗の話を聞かせてもらって、面白そうだなと思ったのを覚えています。

真也 ウシオにも数人女性スタッフがいたから最初はその人達に「やってみない?」って声かけたんだけど「いやいや無理」みたいな感じで断られて。それに対して後閑ちゃんに声をかけたときは「やりたい!」って言ってくれたから、これなら任せられるなと。今思うと一緒に仕事したこともない後閑ちゃんに2店舗目を任せるっていう発想が、めちゃくちゃだったけど……。そもそもウシオチョコラトルだって始めてから1年くらいしか経ってないし、経営も経理も何もかもめちゃくちゃ。そんなときに空港から話が来て、ちょうど後閑ちゃんの存在もあったし「とにかくチャレンジしなきゃ」っていう気持ちばっかりで。何がどうなっても何かにはなるだろう！と踏み切った。いやらしいのが、全然わかってないのにマーケティングまでしちゃったことよ。「これからの時代はジェンダーだ！」とか「ヴィーガンのチョコレートがいい！」とか。

後閑　私がかかわった時点で、もう作るチョコは決まっていましたよね。ヴィーガンミルクチョコレート。

真也　うん。そこまでは決めて、後閑ちゃんに入ってもらったね。元々はウシオでミルクチョコレートを作りたかったけど、普通に作ったら牛乳からミルクチョコレートは作れなくて、脱脂粉乳とか全粉乳とかへ加工する設備や技術が必要。飼育方法にこだわるような牧場、たとえばお世話になってる「砂谷牧場」さんなんかは脱脂粉乳等は作ってないんで、ウシオの商品としてはミルクチョコレートは作れない、というのがそもそもあった。それにウシオの設備はもう手狭で、新しいことをやるにはほかの設備も必要だなとか、いろいろな問題がある時に空港の話が来て「空港で新しい店やったら、ヴィーガンミルクチョコレートできるやん」ってなって。

後閑　チョコのことはほとんど真也さんが主体で決めていって、私はブランドのコンセプトの部分を考えていました。ウシオのチョコは六角形だけど、foo のチョコは最初から丸型で……。

真也　実はパンティーを表現してたというデザイン(笑)。丸の中に、三角形を逆さまにした型を入れて、パンティー（三角）の部分だけ色を変える。肌の部分はホワイトチョコとかダークチョコとか、いろいろな肌の色を表現したけど、お客様には全然理解してもらえんやったね……。

後閑　その形になったのは、私がハンドメイドでアンダーウエアを作っていたという流れもありましたね。理解されなかったのもあるけど、あれは単純に作るのがすごい大変でしたね……。1枚のチョコの中で色を変えるというのが大変で、これじゃ続かないってことですぐに違う内容で作ることにしたんですよね。

真也　あと、ハラールの問題もあった。

後閑　ありましたね。ちょうどその頃、ハラール認証をとろうということで、真也さんと私とで広島市内で講演会に行ったり、独自のルートでハラールにかかわっている人に会ったりして。

真也　ウシオのチョコも、foo のチョコも、食材的にはハラール認証はとれる。香料も使っていないしね。そういう話を聞きに行ったのはめちゃめちゃ楽しかった。でも、お金がすごいかかるのに、日本のハラール認証を取ることにあまり意味はないということに気づいて、結局やめたけど。そんな話をしている中でハラールに詳しい人に「女性が肌を出すモチーフなんて絶対NG、パンツなんてありえない」って言われたんよね（笑）。

後閑　そうそう（笑）。それで形は丸で、パッケージは三角ということになって。

真也　三角形のパッケージの中に、丸いチョコが入ってる。僕的にはすごいカッコいいのができたんやけど……。

後閑　かさばっちゃって（笑）。空港だから、これから出かけるというお客さんばかりなのに、10枚も買ってくれるともうすごい荷物に。それで最終的には六角形のパッケージに丸いチョコレートということで落ち着きましたね。半年くらいで変わりました。

真也　丸にした理由は「三ツ山紋」ていう家紋がヒントで、とにかく「ウシオチョコラトルの姉妹店」とは言わないで始めたから、六角形のチョコにはせんかったね。

後閑　2年くらい、公にはウシオとの関連は言わなかったですよね。

真也　それはなぜかというと僕が調子乗ってたという……。ウシオチョコラトルはその頃売れに売れててイケイケで、その名前を使わずにあたかも「ほかのチョコ屋が台頭してきたぞ」みたいな演出をしようと思った。広島空港からブルジョアな、ラグジュアリーな雰囲気のチョコ屋が出てきたら広島全体がチョコの街になるように見えるかな、と思ってたんだけども。まあそれは、間違っていましたねえ。

後閑　結局、バレるという（笑）。

真也　会社が同じやけん、報道されるときにはそれを言わないと虚偽になっちゃうと言われて、結局取材されると書かれるんよね。そうやってフワッとバレていくんなら言っておけばよかった。

工場が無機質だから、制服で有機的な存在を表現（後閑）

後閑　コンセプトは、私が中心になって考えました。チョコレートはあらゆる宗教や思想の壁を超え、世界中の人々から愛されている食べ物。食べることでその人が感じる心地よさを包み込みながら、それぞれの思いや価値観が溶け合うようなチョコレートを届けられたらいいなと思って。

真也　僕らがやったら結局〝ウシオのノリ〟になっちゃうから、そこは後閑ちゃんに任せたかった。デザインやイラストを誰に頼むか、とかもね。

後閑　そうでしたね、サイトとかに載せるテキストだったり、そういう言葉は私が書きました。制服は、真也さんの知り合いの kitta さんに頼むことになっていたんですよね。

真也　後閑ちゃんが看板になるとは思ってたから、後閑ちゃんに似合う制服を作ってもらおうと思って！　kitta さんは僕がもともと仲良くしていた、沖縄で草木染めをしている素敵な女性。

後閑　kitta さんの服はちょっと着物っぽいような感じがあるんですよね。foo は工場だけど、製造業の制服という感じの「クラフトマンシップ」だけじゃないようなところも見せたい。工場がすごく無機質だったから、有機的なものの表現というか。

真也　人間だけが有機物、っていうコントラストの話をしたよね。

後閑　そうですね、コントラストがいいね、って。

真也　オープンの日は、僕は「男性は中に入らない」みたいなモードで、もちろんその場にはいたけど、工場の中には入らんやった。ノースカロライナ州の「Videri Chocolate」というチョコレート屋さんをやってる兄弟がいて、彼らを呼んでオープニングイベント開催したね。

後閑　オープンの日は、大変でしたよね……。

真也　いやもう、パニックやったよね（笑）。

後閑　ウシオの工場でみんなに手伝ってもらって初日分を作って、売ってる間に空港店でストックを作って売っていって。オープンの直前までチョコを作っていましたね。

後閑　スタッフはウシオで働いていたハオ以外、みんなfooの募集を見て入ってきた人で。私も、チョコレートの製造についてはまったくやったことなかったから、fooが始まる1ヶ月くらい前にウシオに来て勉強したんですよね（笑）。

真也　それまでパッケージを包むとか、レジとかの手伝いはしてもらったことがあったけど、それは友達に頼むようなことで、製造はまったく未経験で責任者に任命……ひどいよね（笑）。

後閑　1ヶ月で必死でメモをとって覚えました。でもウシオとfooではそもそも機械が違うから、あんまり意味がなかった……。

真也　そう、新しい機械だから僕もわからんし（笑）。fooを始める前に、ノースカロライナとニューヨークに行って自分で機械を見て選んできたけど。

後閑　空港店ということで製造規模が大きいから、ウシオの機械じゃダメだったんですよね。

真也　あと見た目のこともあって。fooは工場が全部見える形態だから機械の見た目も大事。そういう機械の選定は全部僕一人でやったんだけど、それは楽しかった！　ただ、今だったら「一人で決める」ということは絶対やらないと思う。あの時はまず空港から「いつまでに始めてください」っていう契約があって。今だったら「そんなにこちらの都合に関係なく急かされるようなら入りません」って突っぱねるんだけど、当時は「今やらなくちゃいけない！」「じゃあ急がないと！」と考えたし、新しい人を募集するとか機械を選定するとか、全部をわけがわからないままやった感じやったな〜。

後閑　お店の内装工事が長引いたり、機械も輸入が遅くなっちゃったりして、ギリギリに入って、入った順から機械を試しましたよね。

カシューナッツを使ったヴィーガンミルクチョコレートは、美味しかったけど溶けやすくて……（真也）

後閑　fooで売るチョコレートの試作は真也さんがやっていたんでしたっけ。

真也　一応前に作ったりはしていたと思うけど、「美味しいけん、なんとかなるでしょう！」っていう感じ。感覚だけで試作、撮影、編集、全部やってた（笑）。

後閑　うん、それは素材が良かったから。

真也　カシューナッツのペーストを使ってヴィーガンミルクチョコレートを作るということはもうだいぶ前から決めとったんよ。大体海外でもヴィーガン仕様のミルクチョコレートはココナッツミルクパウダーを使っているところばかりなんだけど、ココナッツは香りが強すぎるからナシ。カシューナッツミルクを使ったケーキは自分で作ったことがあって、ウシオでも売ってて食べた人が嫉妬してくれるくらい美味しかった。だからチョコレートにしても美味しいものができるっていうのは『美味しんぼ』育ちの感覚でわかってた（笑）。最初はカシューナッツをそのまま練り込んでね。

後閑　そうでした、それが、すごく溶けやすかったんですよね（笑）。

真也　そう(笑)。一応形状は保つけど手で持ったらすぐ溶ける……。それはカシューナッツの油脂分の融点が低すぎて全体の融点を下げてしまうことが原因で、搾油機を使ってカシューナッツ油分を抽出して脱脂粉乳のような粉状のものを作ることにしたら合格点まで改善された。よかった（笑）。

後閑　買ってくれた人から指摘も受けたし、私たちも「溶けやすいな」と思っていたということで、オープンしてわりとすぐにそこは変えましたね。

真也　その指摘、チョコレートの権威みたいな人やろ！　あったな〜。それまでもチョコを作るときはカカオバターを抽出していたから、それと同じ要領でやればいいかなということで方法は思いついたんだけど。ただ懸念点はやっぱり手間がかかるということ。その分工程が増えるからみんなの手間にはなっちゃうかなというところで足踏みしてたんだけどやっぱりやらんといかんなと。チョコレートの権威の人に「これ以上ビーントゥバー界を汚さないでほしいんだよね」とか言われてムカついたけど、確かに問題点ではあって、結果良いほうに解決できたから感謝してる（笑）。

後閑　全然違いましたよね。味も変わりましたし。中のチョコの種類を変えたこともあって、落ち着くまでに3回ぐらい変えたのかな。最初は一部分だけの着色をしていたけど、これは工程的に無理だねってことになって、今度はクランベリー味とか抹茶味とかを作って、1枚で緑色やピンク色のもの、黒や白のものがあるようにして。

真也 ただ、そのスタイルに自信がなかった。「クランベリー味」って言われても、僕らがやっていることに関係があるかというと、ないわけだから。fooではほうじ茶を提供していたから、じゃあほうじ茶3種類のチョコを作ろうってことに変化させた。

後閑 そうやって種類はどんどん少なくしていきましたね。最初は一部分の着色だったから、ベースの味に対しての組み合わせで何種類も作れちゃう。種類が多すぎてもかえってお客さんは選べなくなっちゃうんですよね。今度は1枚1色で5種類にしたけど、その5種類に統一性がないと、それもやっぱりお客さんは選びづらい。そんなふうに3種類になっていきました。

真也 結局、お店がなくなった今でもその3種類は続いてるからなぁ。

私の中では、もう独立したfoo CHOCOLATERSという存在があった。自分と一体化するくらいの気持ちで（後閑）

後閑 向島のウシオの店舗とは距離があるし、空港は休みがないからお店の定休日もなくて、気軽に行くということもできなくて。だから、もともとウシオにいたハオと私以外は、あまり真也さんたちと関わりがなかったんですよね。姉妹店という感じはあまりなくて、それぞれが働いている、という。

真也 距離が遠いということは思っとった以上にキツかったね……。空港にお店を出すとしたら、オペレーションを完璧にした状態で店をバコッと入れるくらいじゃないとダメだったんだなって、あとで気づいた。今ならわかるんやけど、その時はわからなくてこれだったら広島市内に出したほうがよかったとあとから思うぐらいもうぐちゃぐちゃ。やっぱり今思うとfooの売上に対して経費、単純に人件費がかかりすぎやったね。今なら同じ仕組みで人件費は半分以下で同じことができると思う。でもその時はわからなくて、銀行からは「ウシオチョコラトルは売れているのに、fooで赤字が出ている、これをどうにかしないといけない」と言われまくってよ！　銀行から「コンサルの人紹介するので」って言われて紹介された人が「foo CHOCOLATERSという名前をやめなさい、ウシオチョコラトルという名前に統一しなさい」って言う。その時の僕はどうにか売上を立てないといけないから、そう言われたら「しない」と即答することもできなくて。それを後閑ちゃんに言って……。

後閑　それを聞いた時、「名前変えたところで」って思いました。

真也　後閑ちゃんは明らかに意気消沈したよね（笑）。

後閑　やっぱり私にとって、foo CHOCOLATERSってコンセプトが大事だったし、名前が変わっちゃうとコンセプトも全部なしだから。

真也　僕の中では、「名前を変える」っていうのもまだ提案段階だったんだけどな〜。

後閑　いや、真也さんからじゃなくて、やっさんから聞いたの。私が出店に行っているときに急に電話がかかってきて、「もう名前変えるから」みたいな。真也さんから直接説明を聞いてなくて、やっさんから「もうfooじゃないから」って冷たく言われて、「えっ」て。

真也　そうか、途中の経緯とかを説明する前にそれだけがバンッて伝わったのよね！　やっさんはやっさんでそのとき経理をいろいろやっていて大変で、僕もやっさんも精一杯でさ。やっさんが後閑ちゃんに言ったことは知らなかったのよ。

後閑　それで真也さんとは話ができないまま役員会のときに今度は真也さんが「名前は変えない」って言ったんですよね。

真也　いっぱい考えたけど、いまさらそれをやってもあんまり意味ないなと思って。その頃には、人件費がかかり過ぎてるのが原因ってこともわかってきてた。名前を変える話が決定として後閑ちゃんに伝わってることも知らないからちぐはぐで、後閑ちゃんとしては「1回言ったのに急にやめるってなんなん」って、自分に相談もなくいろんなかたちになったみたいな葛藤があったと思う。

後閑　やっぱり混乱しました。真也さんとやっさん、あつしさん（A2C／あっくん）はウシオで一緒にいるからその中で伝わっているんだろうと思ったし。3人からいろいろなことを言われると混乱しちゃって「あれ、この人はこう言ってたのに、今度はこの人がこう言ってる」とか。コミュニケーションは取れてると思ってたけど、私はウシオにいないから、誰かから聞いたことが「ウシオで決まったこと」だと感じちゃう。「全部私抜きで決めて、また変えてるんだ」と思ったり、ちょっと疎外感があって。

真也　その頃には foo の存在は後閑ちゃんにとってどういうものやったんやろ。

後閑　私の中では、もう独立した foo CHOCOLATERS という存在がありましたね。もちろん母体である会社があって、ウシオとも姉妹ブランドですけど、またそことはちょっと違う存在。なんか……私は foo のことしかやっていないから、自分と一体化しちゃってるというのもあって。foo のことを指摘されると、自分のことを言われてるみたいな感じで聞いちゃってたんです。だからより過剰に反応しちゃったり。今思えば、そこまで同化しなくてよかったなと思うんですけど。

真也　でも後閑ちゃんに任せたのはそうなってほしかったからなんで、それはよかったと思うよ！　ただそこで負の感情が大きくなっていることをよく理解していなかった。僕は僕がやらないといけない仕事がいっぱいあって、どうしたらいいんだろうってわけがわからない中 foo に行くとみんな目がめっちゃピリピリしてる（笑）。

後閑　みんながそれぞれに不満というか、抱えているものもあったんですけど。私もそれを発散できる仕組みが作れなかったし、話は聞けるけど、解決策はわからない。経理のことはずっと真也さんたちがやってくれていて、私もわからないし、みんな暗闇の中でなにもわからずやっているみたいな感じになっていましたね。それでピリピリしていたのかもしれません。

真也　経理のことは後閑ちゃんとか foo の子たちには言わないほうがいいってその時は思っとったね。今だったらもっと密に「数字がこうだから、もっとこうしよう！」とか話してたと思うけど。とにかく、後閑ちゃんは外に出ていく役割というか、もう一人僕がいる感じにしたかったのよ。

2020年12月撮影／広島空港内のfoo CHOCOLATERSにて

後閑　だから、たとえばイベントの企画をしようと思っても、目の前でスタッフがあくせく働いているのに自分だけイベントのことを考えるとかって、気持ちがぎゅっとなっちゃうこともありました。

真也　そこらへんの状況も理解できていなかったなぁ。今になってみれば、fooのことは後閑ちゃんに任せる、というんじゃなくて、一緒にやっていきつつ、経験を積んでここからは任せられるという判断をしないといけんやったね。

後閑　本当はもっとみんなに生き生き働いてほしかったけど、みんな疲れているのを見て葛藤はしていました。でも休めないし、かといって、スタッフを増やそう！とかも私の立場ではできない。外向けに、フェミニズムやジェンダーを絡めた発信をしたかったし、チームでやりたかったけど、それが全然できない自分に対してのストレスはずっとありましたね。みんなの話を聞いても解決できないこととか。

真也　本来僕がやるべきことなんですけどね……。

後閑　その葛藤がすごかったとは思います。どんなふうに働く環境を整えたり、スタッフのみんなのケアをしたらいいかいろいろと考えていました。たとえばシフトを作る時に、あらかじめ生理が重いとかしんどいと感じている子にはヒアリングしてシフトを調整したり、毎月1回は一人一人の心身の状態や困ったことがないかをヒアリングしたりしながら、それぞれの中で目標を持ちながら働けるように話を聞いていました。

真也　体調悪そうな子を見て最初、「風邪ひいているのかな?」と思った。「熱あるんじゃない?　大丈夫?」みたいな。「生理で毎回こうなんです」って聞いて「えっ、こんなん働けんやん!」て思ったよ。

後閑　体調によってのシフト調整の話は、真也さんともしたんですよね。

真也　最初にそういう話もしたね。女性が集まって働くことで体のこととか、男性じゃわからないことを取り入れていってほしいという話。

後閑　会社全体で女性スタッフが増えていて「自分から聞けないから、そこのケアをしてほしい」って言われました。

真也　もともと女性だけで、というのはイメージしていたから、出産する人がいたら……とかも考えたり。妊娠出産したら会社に戻れないとか、会社側はその分の経費を出すのが大変とか、そこら辺の問題を解決する仕組みを見いだせたらなと思ってた。結局産休とった人はいなかったけど。

後閑　あとは、女性のホルモンバランスには波があって変動しやすいので、そうした体のメカニズムをそれぞれが把握しながら働くことで、防げるトラブルもありました。仕事終わりに、みんなでご飯に行ったり、月に1回はfoo会という会を開いてみんなで意見を出し合う場を設けたりしていました。

真也　後閑ちゃんの中で、女性が働く店のロールモデルみたいのはなかったとよね？

後閑　特になかったですね。どうしたらみんなが生き生きと働きやすい環境になるだろう？といろいろ試行錯誤していんました。たとえば生理も人それぞれで、重い人もいればそうでない人もいる。それぞれの性質や体質を理解し合える場が作れたらいいなと思って会を開いたり、私自身がスタッフみんなの心や身体の状態を知っておくことで補えるような仕組みが作れるんじゃないかと思って話を聞いたりしていました。

真也　女性同士でも重さが全然違うっていうもんね。体調の良し悪しも、精神的にも、本当にしんどいのか他人には判別できない。「女性の職場」だからできた面もあるかもしれない。

後閑　私自身も、やっぱり生理のときはしんどいですよ。でもそこまで重くない。そこは女性同士でも違うから、男性がいたとしても同じなのかなって思います。聞きやすい関係性の人や気づいた人が、声をかけてみてそれを別に全員にシェアしなくても、「この日休みにしよう」ってすることはできるから。

「今後どうしていくか」という話し合いはしてたけど、後閑ちゃんには相談じゃなくて報告しかできんかった（真也）

後閑　オープンしてしばらくすると、私がっていうより、働いてくれてるみんなから「スタッフがあと一人いたら」っていう意見があったりして。今思えば、仕組みをもっと整えれば、うまく回せたのかもしれません。ただその時のやりかたで考えたら、人がほしかった。

真也　みんな社員やったというのもあるね。

後閑　そう、みんな社員だったんですよね。

真也　その時点では正社員で雇うということが「正義」だと思いこんでた。みんな正社員だということはみんな同じ時間働いていて平等に、的な……。

後閑　でもやっぱりみんなペースも違うし、同じ仕事を早くできる人もいればゆっくりな人もいて。そこを補う仕組みづくりが、難しかったですね……。一人一つの持ち場でやっていたから、それぞれの持ち場はそれぞれがしっかりこなせないと、どうしても回らなくなってしまう。

真也　一人で三つのことができる人もいれば、一つのことがままならない人もおるし、でも給料は同じくらいで。「なんで私ばっかりこんなことやらないといけないの?」っていう不満も出てきとったよね。

後閑　そういう話を私も聞くことがあったし、役員会で話したりしましたね。

真也　だからと言って「できないから給料下げる」とか「できないからクビ」って、そんなことできんやん。僕も後閑ちゃんもその間で悩んどったかな。

後閑　できない人も、やる気がないっていうことでもないし、やろうとしてやったら失敗しちゃう、っていうことだったりすると……。

真也　やっぱり能力差というのはあるけんね。でも給料のことでいえばそんなによくはないかもしれないけど、尾道のほかのところと比べたら絶対悪くないようにしてたはず！　福利厚生もつけて、労働時間も8時間とか。残業もそんなにしてなかったよね。

後閑　する時もありましたけど、早く帰れる時はだらだらしないで帰ってましたしね。残業とその分の給料との兼ね合いもありましたし……。不満がお金のことにいきやすいということも、一つにはあったかもしれません。

真也　そういう気持ちにさせている時点で、仕組みを作れてなかったって証拠やもんね。単純にもっと売上が立ってたら不満はなかったのかもしれないけど……でも売れていなかったということではなかったとも思う。foo CHOCOLATERSは本当に「空港」っていうところがしんどかったということに尽きるね。その後、後閑ちゃんがやめようと思っていることとは、僕は全然理解できとらんやったね。その頃はまったくfooのほうには行っとらんやったし。ただ何も考えてなかったわけじゃなくて、「foo CHOCOLATERSをどうしていくか」っていう話し合いはめっちゃしてた。後閑ちゃんには相談じゃなくて、報告するしかできんかったのよ。自分たちもなにも見えていないから銀行とかからいろんなことを言われてそれをどうしようかな、という状態。結局、コロナがあって２０２０年には店を閉めることにしたけど、それがなかったらまだ空港のお店はあったと思ってるから……。

後閑　真也さんは自分の気持ちには気づいていると思ってたんですよ(笑)。だから、全然コミュニケーションがとれていなかったんですよね。

真也　だから「やめます」って言われてびっくりしたけど、僕は「やめたい」という人を引き止めたりはしないから、「わかりました」って。そしたら一緒に働いてたハオちゃんも、元々1年後にやめるとは聞いていたけどそのタイミングで「やめます」となって「おまえもかい！」って。それで、これ以上急に言われてもどうしたらいいかわからないから他にもやめたいと思ってる人がいたら教えてほしいって言ったら、5人くらいおったよね（笑）。

後閑　私もそれは全然知らなくて、続けるだろうと思っていた人が「実は私も」みたいな感じで言い始めたから、その時は私が他の人もやめることを誘発しちゃったのかなという気持ちもあったんですけど……。実際のところはわからないけど私が言ったから言い出せた、みたいな感じもなきにしもあらずだったのかなとも。

真也　僕も「やめたい人がいたら教えて」って言ったから。でも正直な話、僕はそのとき人件費の計算をしてましたね(笑)。やめた人みんなを補填するんじゃなくて、この残った人数でまわせる、ってそのときもうわかっとったけんさ。結局、後閑ちゃんがやめることは年末くらいに聞いて、三月いっぱいくらいでやめたんだったかな。

後閑　そうです、2020年の3月。まる2年ですね。私がやめる前のバレンタインに、ボンボンショコラが初お披露目だったんですよね。

真也　その頃、パティシエやってたキシシが期間限定で入ったこともあって、ウシオでできていないお菓子作りをヴィーガンでやってfooを板チョコからチョコ菓子全般のブランドにシフトしていこうという考えになってたね。

後閑　それでマッシュルームを使ってボンボンショコラを作ったんですよね。

真也　ミコト屋っていう八百屋さんから「不揃いのマッシュルームが味は同じなのに低価格でしか取引されなかったり破棄されたりするから、これを使ってチョコを作ってくれん?」って言われて、板チョコにするのは難しいけどボンボンショコラならできる!っていうことで。そこから後閑ちゃんが「こういう人とやりたい」っていう人を探してきたりして集めたね。酒蔵の寺田本家さんは後閑ちゃんやったっけ?

後閑　確かそうだったと思います。もともと、寺田本家さんとは一緒に何かできたらいいねって話をしていたんですよね。酒粕はヴィーガン対応もできますし。

真也　みたいな感じやったね。それで、その頃からウシオのチョコをfooで、fooのチョコをウシオで売るようになっていった。

後閑　fooをはじめてから2年くらい経ってようやく(笑)。

真也　ね!(笑)やっぱり別の店としてやりたかったけど経営的に考えて……というより銀行だとか、お金のことでかかわってくる人を納得させるパフォーマンスだったかな。それでfooのチョコも買うしウシオのチョコも買うし、という人が増えて客単価は上がって売上の補塡にはなったと思う。でもコンセプトとしてはぐちゃぐちゃになって、悩ましかったね。後閑ちゃんは嫌だった?

後閑　fooでもウシオのチョコを売るって言われたときは、もう現状も見ていたしあったほうがいいかもな、とは思っていました。ただウシオのチョコがあることで、売れなくなっちゃう、悪化しちゃうかもしれないという心配はありましたね。「ウシオだけでいいじゃん」ってみんなが思っちゃう恐怖感があって。

真也　でもそうはならんやったよね。

後閑　ならなかったですね。やっぱりfooのチョコを買い続けてくれる人もいたし、そのなかで「ちょっとウシオも買ってみるか」みたいな感じで枚数が増えることもあった。マイナスになるということはなかったですよね。

真也　やっぱりコアなファンみたいな人がいてくれたからやろか。

「女性の働く場所を作る」という思い。難しい部分も、発見もあった（後閑）

真也　最初に「女性が活躍できる店を」みたいな話をしたときって、後閑ちゃんはどう思ってたん？

後閑　いいなと思いました。女性だけでなく、あらゆるジェンダーの人たちが働きやすい環境になったらと思っていたので。

真也　僕は逆にそういうリテラシーがなかったから、どんどん話して「そうかそうか」と知っていく感じ。勉強になりました。

後閑　「女性限定」という感じで伝わらないようには気をつけていました。私としては、さっきも言った通り、どんなジェンダーの人であっても働きやすい環境にしたかった。そのへんは真也さんとも話していましたね。

真也　まあ、結局応募してくれたのが全員女性やったけどね。

後閑　とにかく女性だけという限定的な言い方はしたくなかったので、そうしませんでした。結果的に女性だけでしたけど。あんまりフェミニズムとか、ジェンダーとか、最初はコンセプトとして前にも出していなかったと思うんです。

真也　うん、あんまり言わないようにしてたかな。あとになって「どんな人に売りたいか」を明確にするために出していった感じだよね。そのコンセプトは素晴らしかったと今でも思ってる。

後閑　真也さんが「女性の働く場所を作る」ということで始めたお店にかかわることで、難しい部分もありましたが、発見もたくさんありました。fooを通して学んだ体験が今の自分の活動に繋がっていたりもして、面白いなと思います。私がメディアで書かせてもらった記事を読んで買いに来てくれた人もいたし、コンセプトに惹かれて食べてみたいって言ってくれる人もいました。そうやって応援してくださる人たちの存在や反応を通じて、foo からのメッセージを伝えられたかなと思う一方で、売上や業績を考えると自分の力不足を感じたり、もどかしい気持ちもありました。

真也　コンセプトはよかったんだけど、経済的に〝成功〟はしなかった時点で世間に「やっぱり無理なんだ」と思わせてしまったことは嫌だな〜。いろんな人が「10年早かった」と慰めてくれたけど(笑)。ヴィーガンの文化への理解もこの3年で全然違うし！

後閑　ヴィーガンもフェミニズムも、どちらも社会的な認知度が当時より高まりましたね。

真也　その潮流が読めてなかったかな。……でも、「空港じゃなかったら」というのはめっちゃ考えるよ（笑）。

後閑　はい……。

真也　お店は2020年に閉めることになったけど、そのことを後閑ちゃんはどうやって知った？

後閑　噂みたいな感じで聞きました。大変だったのは知っていたし、寝耳に水っていう感じではなかったです。

真也　foo に関しては、ちゃんと仕組みが作れなかった僕が申し訳なかったなということを伝えたいと思って。ただこの3年くらいはむちゃくちゃいろんな経験したから、今からやったらうまくやれるはず（笑）。

後閑　私にとっても、毎日がすごい速さでしたね。止まる時間もないから、進むしかない。

真也　最初にはじめたとき、25歳とかだったもんね！

後閑　はい、そのくらいでしたね。foo での2年間は、駆け抜けたっていう感じでした。

真也　foo CHOCOLATERS でやったことは一度ほかの場所に移してみて、またチャレンジしたいと思ってます！

後閑　foo のみんなと一緒に働けたことは私にとって、今でもとても大切な時間と経験です。foo を通して学んだことや経験が、退職後の自分自身の活動に繋がっています。それぞれのこれからの未来が楽しみです。

チョコレート最強語録

この言葉、好き？ 嫌い？

9

A. 好き

【feminism】

フェミニズム

好きだし、必要だとは思うけれど、現在の普及方法は「否定と批判による攻撃」が圧倒的多数。これは逆効果でしかない。

素晴らしいコンテンツや商品の開発などの経済活動によって現況よりもより魅力的な世界を創りあげ、そうでないものは淘汰されていくというのが理想的。

YO
朝まで
パーティーだ
お楽しみの
ところ
すまないが

お前達は　夜が
明けたら普通の
ナイスな
チョコレート
に戻る
ガーン
えー

そしてこれからも
グッド・バイブスの
導くままに人と人を繋ぎ
誰かの夢を叶え
心を満たし続けるのだ
まあ　それも
悪くないね

今夜は
踊り明かすぜ
イエーイ

チュン
チュン

USHIO
CHOCOLATL
to be continued...

脱獄犯、豪雨、そして……

２０１８年、foo CHOCOLATERS立ち上げのその年、本屋さんである本を立ち読みした。

細木数子さんの『六星占術』の２０１８年版である。

この本によると僕は「霊合星人」なるちょっと特殊な運命にあるそうだ。そうでない人と比べ運気の波が激しく、良いことも悪いことも倍で起こるという。その前置きを知った上で、どんな運命なんだろうと、自分に該当する「土星人－(マイナス)」のページを開いた。

「お！　ちょっと見てみるか！」と、ほんの軽い気持ちで本を開いた。

そこには「あなたは『大殺界』という時期に入りました。この期間に始めることは何もうまくいかないどころか悪く転じてしまうでしょう」と書いてある。

都合の悪いことにはふたをするのが人間の、いや、僕の性(さが)で、「こんなのはただの占いだ、遊びだ、大丈夫だ」と、心に少しモヤモヤを残しながらもそっと、気持ちにふたをした。
もうすでに新店舗の企画は止められないところまで進んでいたし、後に引ける状況ではなかった。

2018年3月、広島空港3階の端にfoo CHOCOLATERS（フーチョコレーターズ）がオープンした。133ページから対談した後関麻里奈さんをボスに据えての、コンセプチュアルな工場兼店舗である。

ここからだ！　頑張るぞ！とスタートした直後の4月末、ウシオチョコラトルのある向島で一つの事件が起こった。僕らの間で「T君脱獄事件」と名付けた事件である。

愛媛県今治市にある刑務所から脱獄した犯人が、あろうことかこの向島に潜伏したのだ。

最初は他人事で「脱獄犯だって！　どこまで逃げることができるんだろうな」なんて軽く考えていたが、コトは思っていたよりもはるかに厄介で、「Tくん」はなかなか発見されない。向島と本州、因島を結ぶ橋に検問が敷かれ、すべての車のトランクまで調べられる事態になった。

当然観光客は消え去り、僕らスタッフも出勤、退勤のたびに時間をとられるストレス。さらに1年で一番の稼ぎ時であるゴールデンウィークの前半が削られてしまい、当然、見込んでいた売上も大幅に減額してしまう。

その後、無事に「Tくん」は広島市内で捕まった。それはつまり、もうすでに向島にいない数日間、観光客も来られなかったうえ、毎日検問に晒されていたという「無駄な時間があった」ということだ。その事実に、さらにストレスが溜まる。

その2ヶ月後の7月7日、七夕。子ども達が短冊に願いを込めて飾る素敵な日であるはずの日に、西日本を豪雨が襲った。

豪雨はそれまでなかったような規模の災害にまで発展。向島の道は崩れ工場へ行けなくなり、空港までの道も土砂によって埋め尽くされ、さらにその日から3週間、断水してしまった。

当然チョコレートも作れない。にもかかわらず、家賃と人件費は払わなくてはならないから、要らぬ借金が2000万円増えた。

向島の道路は半年ほど復旧せず、観光客も被災地への遠慮もあってか、減少した。

そしてその年の暮れ、暗黒時代の〝メインディッシュ〟ともいえるある事件が発覚する。

「税理士事務所職員横領事件」である。

人を疑いたくない症候群

ウシオチョコラトルには、立ち上げの時から経理を手伝ってくれていた男がいた。Aさんとしよう。

Aさんはもともと知り合いで、経理関係に全くの無知だった僕たちの手伝いをしてくれることになった。

今になってみれば、この事件は僕が気をつけていれば起こらなかったかもしれない。その時は疑うことを知らず……いや、「疑う」ということをしたくなくて、とにかく言われるがままに、必要と言われるお金を現金で渡していた。

法人にする時もその手続きを代行してもらったし、飲み会を開けば毎回顔を出してくれていた。みんな頼りにしていて、お金にまつわることはすべてAさんに相談していた。

ただ、少しずつ、「あれ？　おかしいな？」と思うことが現れ始める。

お願いしたはずの手続きで進んでいないことがあったり、払っているはずの税金のことで税務署から連絡があったり。

その時点で普通は疑い、確認するところだが、僕の「人を疑いたくない症候群」が出て、強く確認することができないでいた。

ある日、税金や手続きに必要なお金だというのでキャッシュカードを渡していた、300万円が入った口座を確認してみた。

すると1日の内に100万円が引き出されていた。

僕はAさんに「これって何に使う分ですか?」と聞いた。それに対するAさんの答えは、とても曖昧だった。

さすがに疑いが拭えなくなった僕は、それでもまだ「人を疑いたくない症候群」を発症しながらも、角が立たないように、まずはキャッシュカードを返してもらった。

その頃、経理を担当するようになっていたやっさんに連絡をする。

「そうは思いたくないけど……Aさん、怪しいかも……」。

やっさんの反応は、「さすがにそれはないじゃろ〜!」。そう、やっさんも僕と同じく、「人を疑いたくない症候群」を発症していたのだ。

このことは社内の他のスタッフには話さず、やっさんと秘密裏に動くことにした。

まず、やっさんの知り合いの経理などに詳しい方に相談したところ、「クロです」と即答される。その時点ですぐにAさんからの要求はシャットアウトすることにした。

しかし下手に追及しようものなら、経理素人の僕らは専門用語でのらりくらりとかわされるだろうし、下手したら逃げられて終わり、ということも考えられる。

そこで僕は福岡で法律関係の仕事をしている友人に相談し、広島の法律事務所を紹介してもらった。被害額が100万円そこそこだと思っていた僕に友人はこう言った。

「まだまだやられとるやろうねぇ、100万円どころじゃなかばい、それ」

例の「人を疑いたくない症候群」が治ってはいなかったんだろう。それでもまだ、「まさか、それはないだろ……」と思っていた。

Aさんはとある税理士事務所に所属している。どうにかAさんの勤める事務所の人と連絡を取らないと、と考えていた僕らはあるきっかけに辿り着く。

当時Aさんから「法人成りして1期目の決算を現行の事務所ではなく、そこから独立した事務所でやらないか?」と提案されていた。現行の事務所では硬くて通さない支出もその事務所ならイケイケだからうまく通してくれるだろう、という理由だったと思う。

その事務所からは決算書が5月には届く予定だったが一向に届かず、忘れた頃の9月、手紙付きで届いた。手紙には「Aさんに何度も連絡したが返事がないのでこちらに送らせていただきます」とある。文面だけでも、明らかに怒っている。僕はその事務所に電話をかけてお礼を言ったが、素っ気ない感じで終わった。

ここで仮にその事務所の税理士さんをBさんとしよう。僕はBさんに思い切って聞いてみることにし、もう一度電話をかけ、Aさんについての疑惑を打ち明けてみる。

Bさんはその瞬間にすべてを悟ったように、「あぁ〜」。怖かった声色が突如柔和になり、Aさんの勤める税理士事務所（事務所Xとする）に秘密裏に確認をしてくれることになった。

数日経ってBさんから連絡があり、事務所Xの所長さんと工場に来て説明をしてくれることになった。

当日、ソワソワしながらやっさんと待っていると二人がやってきた。「ウチの職員がご迷惑おかけし、本当に申し訳ありません！」。所長さんは来るなり頭を下げた。

所長さんの第一印象はしっかりした良い人。今回の話を受けてすぐに調査を入れてくれたらしく、その結果も含めて報告してくれた。

話によると僕らの個人事業時代を含む税理士事務所へのすべての費用が未払い

になっていたという。「経営が思うようにいかず、支払いを待ってもらっている」という設定になっていたそうだ。そして、Aさんは僕らの会社からだけでなく、数社からあの手この手と策を弄し、自分の懐に入れていたことが発覚した。

それぞれ条件の違う数社から、あらゆる網の目をかいくぐり、金銭を取得していたなんて……Aさん、なんてクリエイティブなんだ！　バッドなほうに超クリエイティブだ！

報告を終え、その後も情報が更新されるたびに打ち合わせを行っていった。

「一緒にAからお金を取り返しましょう！」。所長さんはそう言うと顧問弁護士を紹介してくれた。その女性弁護士さんはとても美人でスタイルもよく、色気ムンムンだった。気が強そうでいかにも敏腕といった感じ。とても頼りになる雰囲気だ。その弁護士さんに、横領された疑いのある金額を算出していくための資料を預けた。

それからひと月ごとに金額の確認が入るのだが、どんどん金額が加算され、せいぜい200～300万円くらいだと思っていたモノが500万、700万、1000万、とふくらんでいく。

最終的にはハッキリ横領とわかるモノで1200万円になってしまった。まさかここまでとは。僕の怠慢が生んだこの損失額は、Tシャツに「1200万円」

と印刷して販売しようかと思ったくらいの衝撃だった。

１２００万円。疑わしいモノも加算すると１８００万円。

ここまでくるとなんだか現実離れし過ぎて笑えてきた。

僕達も所長さんと（女性弁護士さんと）共に取り返すぞ！と思っていたが、相談していた福岡の友人からこんなことを言われる。

「なんかおかしいよ、それ。事務所Ｘの所長さんには従業員の責任を取る義務があるはずだから、真也のところには所長さんが支払って、その分を所長さんが取り戻すべきじゃないかな？　騙されとるかもしれんけん、こっちで弁護士紹介するから別で見てもらったほうがよかばい」

マジか……。そういうもんなの？

こんなにも全然知らない世界がまだまだあるんだなと勉強になった。

あらゆる方面を疑う必要があるんだ、じゃないと弁護士は騙しに来るんだ、と思った。すぐに弁護士事務所を紹介してもらい話をすると、「税金分は自分の責任だけど、税理士事務所が関わってる分に関しては使用者責任っていうのがあるので事務所に支払い義務があるよ」と教えてもらい、その方と顧問弁護士契約を結んだ。月５万円也。

これ、現実だったんだな……

そんなこともありながら時は流れ、2ヶ月後、全員での顔合わせの日が訪れた。その日、18時に事務所に集合。やっさんと僕はソワソワしながら車で向かう。事務所は90年代に流行ったような古めのデザイナーズ建築で、1階手前が駐車場になっていた。

僕らは別の場所に車を停めた。玄関へ行きインターホンを鳴らすと所長さん夫人が出てこられた。

「ウチの職員が本当に申し訳ありません!!!!」。夫人も本当に申し訳なさそうに、激しく頭を下げる。

1階の談話室で待機していると所長さんが僕たちを呼びに来た。

「Aは3階にいて、これから話し合いということを今、伝えてきました」。力強い表情でそう僕たちに伝える。Aさんが逃げられないように、直前まで黙っていたそうだ。

「では、行きますか」。

グッと身体が重くなった。

確かグルッと回る感じで階段を上ったと思う。

2階が職員用の事務所で結構広いフロアだった。

その部屋を通り3階の所長室へ向かう。

扉の前へ到着し、（Aさんは一体どんな表情と心情でここにいるんだろうか?）と思いながら扉を開くとAさんがこちらを向き立っていた。

Aさんは震えていた。

「申し訳ありません!!!」

震える唇で謝罪をするAさんを見て僕は、（これ、現実だったんだな……）と思う。やっさんはどう思っていたのだろうか。


そこには最初に相談をした事務所のBさん、女性弁護士が待っていた。

縦に長いほうの面にAさん、反対側に女性弁護士、Aさんを挟むように所長さんと僕、僕の隣にやっさん、その隣にBさん。全員で、長方形のテーブルを囲むようにソファに座った。

始まりの合図は女性弁護士から。Aさんに対しいろんな数字資料を提示しながらこれは事実か? 間違いないか?と確認作業が始まった。

Aさんは今ここにいないかのように呆(ほう)けている。

するとその様子を見ていた女性弁護士が強めの声で叱り付け始めた。

「あなた、自分がしたことを本当に理解しているんですか⁉　キチンと見てください、この金額。これだけの金額をどうやって稼ぐんですか⁉　みなさん頑張って、リスクを背負って、努力して一生懸命に稼いだお金を簡単に使い込んだという罪深さを理解してますか⁉」

弁護士がこんな風に感情的になるなんて考えられない。反省させるためのパフォーマンスなのだろうと思った。実際、弁護士は引っ張る金額が大きいほうが報酬が大きくなるわけだし、なるほどこういう風に話を進めるんだなと感心する。

では……と最初に疑いを持った１００万円の引き出しについて尋ねる。

Aさんが言う。「20万円は中村さんに承諾を得て経理用のパソコンを購入し……」。ちょっと言い訳じみた発言したな、と感じた瞬間、所長さんが食い気味に「あ？　なんだって？」と呟いた。Aさんがもう一度、「中村さんに承諾を……」と話し始めると、突然所長さんが「ふざけんなてめえええ！　なに言い訳してんだ‼」と大声で怒鳴りつけた。おお！と少し興奮した。心なしか、所長さんはそれでちょっとスッキリしたように見えた。

やっさんはどんな表情してるんだろう、と、横を見る。

無。無である。どこを見ているのかさえわからない。

その向こうで税理士のBさんはすごくモジモジしている。無理もない、そもそも彼は関係ないのだから。

女性弁護士は脚を組み、両手を胸の前で組み、凛とした振る舞いをしている。

話は続き、終盤に差しかかった。

Aさんは僕たちの目の前で両親に電話をかけさせられる。嘘をつけないように設計された作戦なのか。Aさんは横領していた事実を正直に告白し、驚愕の声が電話口から漏れ聞こえてきた。


その日はそれで終了。

女性弁護士とBさんが先に下の階へ、続けて所長さんと意気消沈しているAさんが下の階へ降りていく。

最後に僕とやっさんが2階へ降りると弁護士はすでに帰った様子で、ポツンとAさんがいる。

ぼくは、そのAさんの姿を見てつい、「Aさん、こんなんなってもなぜか憎んでないです。これからの人生どうされるかわかりませんが、頑張ってください」と声をかけてしまった。これは弁護士さんの作戦を台無しにしてしまったかもしれない……。

それを聞いたAさんは「きちんと返済します、まずは仕事をすぐに見つけます」と言った。当然のことだとは思うが彼は今回の件で事務所を辞めることになっていた。

僕とやっさんは2階の部屋を出て1階の玄関へと向かった。

靴を履き玄関を出ると、ちょうど車に乗り込もうとするBさんがいたので声をかけた。

「今回は無関係なのにご迷惑おかけしました、動いていただいて助かりました、ありがとうございます」と言うと「いえいえ！　大変でしたね、まだ続くと思うのでできることはやらせてください！」。Bさんは超いい人だ。

すると玄関の扉が開いた、Aさんだ。

Aさんは魂が抜けたような感じになってトボトボと歩いている。目が合ったので僕とやっさんはペコリと頭を下げる。

Aさんも頭を下げ、僕らの後ろを通ろうとしたその瞬間、Bさんが突然「Aさん！」と強めの声で呼びかけた。

一体何を言うんだろう。僕らはBさんのほうを見た。

「しんどかったじゃろう……！」

!?

これに対してAさんは？　僕らはAさんのほうを振り返る。

「……しんどかっタァ……！」

首を斜め後ろに傾けながらAさんは半笑いでそう答えた。

（いや、しんどいのはおれらやろ……）

という思いを呑み込んだ僕とやっさんは顔を見合わせ、「ウン！」と頷きその場を後にした。

「許す」という選択

後日、福岡の友人が紹介してくれた広島市内の弁護士事務所へ行き一連の事情を説明すると、「使用者責任が発生するので支払い義務は税理士事務所にあるが、証拠が乏しいため、全額の支払いは厳しい」という説明を受けた。それを受け、まずは弁護士事務所から税理士事務所へ支払い義務があることを通達してもらうことになった。

税理士事務所からの返事が来ると、こちらの弁護士さんから都度連絡が入る。

最初の返事は強気で、「一切支払うつもりはない。が、迷惑料として200万円なら支払っても良い」ということだった。

弁護士さんいわく「200万円もらえるだけマシですよ！　正直刑事事件や裁

判になると労力半端ないので！」とのことだった。

前述した通り、この事件の責任の所在から説明すると、実行犯であるAさんにはもちろん横領した分の支払い義務が生じるが、税理士事務所職員として関わった分は税理士事務所に返済、そして税理士事務所には横領額分をそれぞれの企業に支払うという「使用者責任」というモノがあるらしい。

それに対して税理士事務所側が支払いをしたくないと拒否の姿勢を示し、こちら側は「支払え！」と訴える場合、裁判になるとのこと。そして税金の支払い等の事務所が関与していないことに関してはAさんを刑事告訴し、Aさんから直接支払ってもらう必要があるとのことだった。

しかし今回、刑事事件として訴えた場合の労力が大きいのに証拠があまりなく、大変な思いをして終わり、の可能性が高い中、示談で２００万円をもらえるというラッキーな状況だということだそうだ。

僕は「一切支払うつもりはない！」との返答を予測していた。だから、この「２００万円」というところに所長さんの真面目さを感じた。実際証拠になるものはほとんどない中、わざわざ金額を提示されたところに、罪悪感や葛藤のバイブスを感じた僕は、直接所長さんと話してみることにした。

ある雨の日、尾道の某所で待ち合わせる。

所長さんと僕の二人は、外で傘をさしたまま向かい合って話し始めた。

まず僕が「えらそうに弁護士越しにあんな連絡をしてすみません」と伝えた。所長さんは「いえ、こちらこそ」と応える。やはり真面目というか、良い人だと感じる。

彼曰く、例の女性弁護士さんは最初「使用者責任はない」と言っていたが、こちらからの通達が来たときに改めて確認すると「発生する」と言われて驚いたとのことだった。

それが弁護士さんの策略だったのかはわからないが、僕らがそのような行動に出ると思っていなかったのだろうと思う。

雨が降っている中、所長さんの「良い人」をエフェクトに使い、僕は金額を上げてほしいと交渉に出る。

提示した金額は600万円。所長さんはしばらく悩み、「400万円なら……」と答えた。

(うおお！　やった!!)。心の中でそう思いながら、ダメ押しをして確定させたいと考えた僕はもう一度「600万円でお願いします！」と頭を下げる。

所長さんの歯を食いしばりながらの声が聞こえたような気がする。(あいつのために600万円……)。

出てきた答えは、やっぱり、「400万円なら……！」だった。惜しい！と思ったが、金額は２００万円も増えた。僕はお礼を伝え、その場を離れた。

その月の内に４００万円の振込があり、所長さんとの確執は一旦終了する。そのあとは一度も会っていない。

残りの損失は８００万円だ。

月に1回振り込まれる予定のＡさんからの支払いだが、最初の10万円のみで止まっている。弁護士さんと支払いのペースの取り決め等をした際に「横領するほど金に困っていて、金の作り方も知らない人が、そんなに都合よく支払いをしてくれるかな」と思っていたけれど、やはり思った通りだった。

刑事告訴して返済を促すこともできるのかもしれない。でも僕は許すことにした。

こんなことを「許す」なんて頭がどうかしてると思われるかもしれないけど、「許さない」という世界線にいる自分が自分の好きな自分じゃないし、許さなかったとして今後の人生で何か良いことがあるのかわからなかった。

そもそも、自分の管理の甘さが生んだことでもある。仲間のみんなには超迷惑をかけたけど、直接Ａさんから絞り取るよりも、今後の仕事で稼いでみんなに返すほうが未来が豊かでスムーズだと思ったからだ。

その後のＡさんについて最近、警視庁から連絡があり、別件で訴えられたとのことだ。とことん変われない人もいるんだな、と思った。

そんなわけで「税理士事務所職員横領事件」が「解決」とはいえないにしてもやっと落ち着いたかと思った２０２０年、コロナパンデミックが発生。僕らの〝暗黒時代〟は落ち着いたかもしれないけれど、まだ続く大殺界最後の年は、全世界の混乱と共に幕を開ける。

２０１９年の夏に、創業から一緒にやってきたあっくんが会社を辞め、大阪へ移住。彼は密香屋という芋ケンピを中心に商品を展開する会社に入社し、「チョコレートピエロ」から「芋男爵」へと転身した。

あっくんのほかにも、歳も近く、仲間というよりも大事な友達に近い感覚であった二人、マコロンとキシシがそれぞれ新潟の佐渡島と和歌山の白浜で独立するために退社。マコロンは２０２１年の春に無事「莚 CACAO CLUB（むしろかかおくらぶ）」をオープンし順調に営業している。キシシも２０２１年12月には「K type Chocolate Factory」をオープンした。

僕も、他のスタッフも、ウシオチョコラトルも、どんどん次の段階に進んでいく。

チョコレート最強語録

この言葉、好き？嫌い？

10

A. 好き

ビジネス【business】

自分がやりたいことを実現させるためには必須、とまでは言わないけどスーパー便利なモノである「お金」を稼ぐという行為なので好き。でもそこに倫理観があるほうが、独り勝ちの世界の虚無より幸福な人が増えて、自分も幸せになりやすくなると思っているので、僕自身はそうありたいと考えている。

つまり、「承認欲求を満たすためのビジネス」には興味ないけど、「自分以外の誰かを幸せにするビジネス」は大好き！

11

A. 好き

投資【investment】

投資は富の分配の一部だし、良いモノなのに埋もれているモノを掘り起こし、実現させることのできる素晴らしい行為だと思っている。ただここにも倫理観が伴うかどうかがポイント。

チョコレート最強語録
この言葉、好き？嫌い？

12

A．好き

地場産業
【local industry】

たとえば農業であれば「種を採って次に繋いでいくこと」を集中して行えるし、運搬のコストも低くて済むしいいことだと思う。

でもあまり硬くなり過ぎると「カカオは輸入してますよね？」みたいな不毛な攻撃に遭うこともあるので、それは違う。だから、この言葉を使うのに、ガイドがあるほうが良いかな～とは思っている。

世界を変えるワークショップ

ワークショップって何なんだ？

「ワークショップ」というものについて最近、考えている。これまで、いろんなところから依頼を受け、たくさんこなしてきた。

近年、コーヒーの淹れ方やお菓子作り、花屋さんならリース作りなど様々な場所と職種のワークショップが展開されているが、チョコレート屋さんも例に漏れず、である。

参加費１５００円や２０００円をいただいてカカオ豆から板チョコレートを作るという内容からチョコレートボンボンを作ってきれいに彩るといったモノまで。来てくれた人達との交流は楽しいし、みんなも体験ができて笑顔が生まれて明るいバイブスに包まれる。とても良い時間。

だけど何か、物足りない。

これだけでいいのかな？　みんな家に帰ってチョコレートを作ったりするのかな？

フィードバックを得るほど深く関わった感じもしないし、参加してくれた人達とのその後の交流もない。

そもそもこの「1500円や2000円の参加費で、10〜20人の定員。内容は体験を持って帰る」という枠組みのワークショップをどうやって知ってどうやって判断して、なぜ、この内容になったか全く思い出せない。

理由は単純、自分で考えていないからだった。

誰かがやっていたワークショップという形に疑問を持たず、「それがワークショップの形なのか」とそのままトレースしただけだった。

それに気がつき、まず「そもそもワークショップってなんだ?」ということをググってみた。

それまで勝手に思っていたワークショップの定義は「技術の共有」だ。体験してもらって仕組みや方法を学んでもらうことだと思っていた。それに準じて「カカオ豆から板チョコレートを作る」ということなどを体験してもらってきた。

ところが、ぱっとググってみて最初に出てきた定義によれば『学び』と『創造』、そして『問題解決』の三つが含まれているという。

いろいろな考え方があるだろうが、この三つという考え方は全く知らなかった。

おそらく世に多くあるモノは「学び」を抽出したモノだろう。それなら、この三つの要素を全部込めて考えてみようと僕なりに考えた。

「学び」はテキストや映像を使い「チョコレートって?」ということを歴史を含めお伝えする。

「創造」は「オリジナルチョコレートを作って実際に発売しよう!」という試みだ。参加者にオリジナルチョコレートを考案してもらいSNS等で公表、一般の方に投票してもらい、一番票を得たモノを実際にウシオチョコラトルから発売するというモノ。懸念は僕たちの考えるモノよりも面白い発想が出るかという部分。柔軟な発想のためにまずは頭の体操として問題を出し、「チョコレートはこうでなくてはいけない!」といった社会的バイアスを排除してから取り掛かってもらう。

そして最後に「問題解決」。

これは「カカオ豆が持つ背景」を「知ってもらい選択をしてもらう」というモノを考えた。

今、選択肢として提示できるモノは二つ。ガーナ産のカカオ豆と、グアテマラ産のカカオ豆だ。

ガーナ産のカカオ豆は「ACE」というガーナの児童労働をなくすための取り組みをされている団体と、そのカカオを取り扱う商社「立花商店」から購入させていただいている。

グアテマラ産のカカオ豆は生物多様性を念頭に置き、自然と人間の営みが共存している「アグロフォレストリー」という栽培方法を実践しているモノだ。それぞれ、選択することで商社や農園主の哲学に投資をし、応援して世界に素敵なモノを流布させることに繋がる。

選択して購入するというのは、誰もが常に自然と行なっていることだ。スーパーで買い物をする時もそれぞれの商品に背景が存在してその背景に投資をしている。そのことを認識してもらうためでもある。

小さな選択が集まって選ばれたモノは拡大していき、選ばれなかったモノは淘汰されていく。政治選挙の投票と同じだ。せっかくなら明るい未来を目指している人達の商品に投資して、明るい未来をみんなの手で拡大させようという考えだ。

チョコレートの多様性

ワークショップの参加費は無料。

参加資格は現場に来たこと、コンペで採用された作品が商品化された場合30万円の賞金。

昨今ではオンラインでの参加という選択肢も増えているが、あくまで現場に来てもらいたいと考えている。その理由は、まだ僕ら自身このコンテンツに対して未熟で、発展途上であることもあり、いきなりオンラインで大多数に向けて開催すると収拾がつかなくなるだろうと判断してのことだ。まずは参加してくれる人に直接会って、バイブスを確かめ合いながら、個々にアドバイスもできる環境が望ましいと思っている。

実際にこのワークショップでのコンペ開催からウシオチョコラトルの商品として発売されるまでに早くても半年くらいかかるだろうが、企画が進めば進むほど情報が流布され参加したい人はたくさん集まるだろうし、そうやって知られていけばいくほど商品開発が進むし、楽しくて、自分では考えつかなかった発想がたくさん集まるだろう。うまくいけば日本だけでなく世界にも発展しそうな気がする。これを書いている今も、手に汗握る高揚感があるくらいだ。

かつてチョコレート作りは「専門職」というイメージが強く、敷居が高く、高貴で、簡単なモノではないというある種のプロパガンダのような感覚にとらわれていた。

だけど世界を見渡すと、ほとんど似たような内容のチョコレートばかりがたくさんあって、正直にいうとあんまり面白くないな、と思っている。

それでも今、少しだけ一般層にも手が届いてきた。カカオ豆が持つ可能性が凝り固まらずこのまま広がっていけばいいな、と思っていて、ぼくらの考えるこのワークショップがその流れを大きくすることで、チョコレートの多様性を見たい。

このワークショップこそがチョコレートの世界を変えるかもしれないと思っている。

13

グローバリズム【globalism】

基本的に欧米社会とキリスト教の思想で「みんな同じものを信じている平等な世界が幸福な世界」というバイブスを感じるので最悪。

A. 嫌い

インドネシアの奥深く

話は前後してしまうが、これまで、いろいろなところにカカオの買い付けに行ってきた。世界の縁があった場所ならどこへでも行く。

「カカオの買い付け」という目的を持って外国へ行くと、観光で行くよりもより〝深い〟場所へ行けることがたくさんある。現地の人を紹介してもらえることもあるし、そもそもカカオが栽培されている地域が観光地とはほど遠い所が多いからだ。

たまたま道で誕生日会が開催されているところを通りがかって、誘われて一緒に飲んで歌ったり、日本では考えられないくらい満天の星を眺めたり、山奥の洞窟みたいな理髪店で散髪してもらったり。

特に印象深いというか、深い縁を感じたのが２０１９年の春に訪れたインドネシアのフローレス島だった。

コーヒーの産地を飛び回り土壌のｐＨ測定や栽培環境、プロセス場（収穫したカカオ豆などを集荷し、発酵、乾燥等加工する場）のプロデュースなどをしているヒロ山本さんという人がいる。見た目はムキムキでイケイケの彼（以下ヒロ）に誘われ、バリ島、そしてフローレス島へカカオとコーヒーの農園巡りに行くことになった。もちろん僕の目的は、カカオの買付先の可能性を探ること。

メンバーは僕とヒロのほかに、広島のコーヒー屋「MOUNT COFFEE」の山本さんと、当時ウチで働いていた沖縄出身のカカオ好きのカマーくん。そこに、フローレス島から大手商社の方が合流してアテンドしていただく、という予定になっていた。

ちなみにヒロはCityと産地での性格が全く異なる、二重人格の人間だ。Cityでは性格最悪なのに、産地では仏様のようになるという特性を持つ。

まずはバリ島デンパサールの空港で合流。以前、空港で拾ったタクシーにボッタクられた経験があったので、事前に価格を交渉してから移動した。夕方、食事をしながら話していると、次の日に向かう場所はバリ島の北のほう、ウブドからさらに車で2時間ほど北に行ったプラガ地区のボン村という集落だという。日本人のユキさんという方がジャワ島の古民家を移築して宿を経営しているので、そこに泊まるということだった。

事前情報だとユキさんはバリのスミニャックという観光地にカフェを持っていて、ボン村にコーヒーの農園と研究のための畑も管理しているというバリバリの女性だ。（気の強い怖い人だったら嫌だなぁ……）と思ったのを覚えている。

スミニャックにてユキさんのカフェの従業員の若い男性が車で迎えに来てくれた。名前は忘れたけど、とても気さくな良いヤツだった（後にユキさんのカフェのコーヒー豆を盗み勝手に売却したとんでもないヤツでもあった）。彼の運転でユキさんの宿があるボン村へ。そこは観光客など皆無のとても美しい集落で、道中、広大な畑に出たところで現地の衣装のような制服を着た学生たちを目撃し、感動した。「畑の中に浮かぶ伝統的衣装」という光景が、美しかった。

車は集落の奥へ奥へと進んでいく。自分達だけでは決して辿り着けないような最奥地へ到着すると、そこにはオレンジの木々とキャベツ畑が広がっていて、初めて見たジャワ島の古民家は素晴らしい建築だった。

到着は15時頃だったか、見るからにイケイケといった印象のユキさんが迎えてくれた。彼女はとても明るく元気で、少しハスキーな声。古民家の裏手には牛舎が、その上にはコーヒーの栽培実験場があり、様々な品種のコーヒーが実っている。牛の糞にはマジックマッシュルームが生えていた。

ヒロにユキさんを紹介してもらい挨拶をする。さらに集落の長だという、パックスラマットさんにも挨拶をし、周辺の案内をしてもらった。

会った当初、ユキさんは僕のことを警戒しているようなバイブスを感じたが、持って行ったチョコレートを食べてもらい、コーヒーやカカオの話をたくさんするうちに盛り上がっていきすっかり打ち解けた（ただ、チョコレートはまずそうにしていた）。

「フローレス島ではどこに行く予定なの？」との質問にヒロが商社の方が手配してくれた予定を話す。僕らもそこで初めて聞いたのだが、港の都市ラバンバジョというところから車でルテンへ、その後はコモドドラゴンで有名なコモド島へ行くとのことだった。

それを聞いたユキさんが「コモド島はなんで行くの？　コーヒーもカカオもないよ！」と言う。ヒロがアテンドをしてくれる予定の商社の方に確認してみると「単なる観光だ」との返事があった。自分達は観光目的ではないのでコモド島に行く必要はないという話をしているとユキさんが、「それなら絶対バジャワに行った方がいいよ！　カカオもコーヒーもあるし、パーム椰子（やし）もある上、なんと山の中に温泉の川が流れてるんだよ！」。

温泉の川!?

唐突なようだが、僕はちょうどその1ヶ月前くらいに友達の紹介で桶美さんという風呂の師匠を紹介してもらい、「風呂」というモノの真の魅力に気づかされた。ちょうど、インドネシアに行く直前にも今回同行している山本さんを連れて桶美師匠とお風呂に行ってきたばかりだったのだ。

桶美師匠に伝授していただいたのは「西式温冷交代浴」というモノ。西勝造という乾布摩擦などの健康法の研究者が開発したと言われる「熱い湯と冷水に交互に入る」というシンプルながら素晴らしい入浴方法である。

さらに話を聞くと、そのバジャワでは熱々の温泉の川に冷たい川が合流する地点に入れるという。僕と山本さんは大興奮。すっかり虜になった温冷交代浴をフローレス島で味わえるなんて！

ということでルテンから先の予定をキャンセルしてもらい、バジャワへ向かうことにした。当然、商社の方が組んでくれていた予定を変更することになるので躊躇もしたが、なにせ「産地では仏」のヒロが「ええすええす、絶対行きたいとこに行ったほうがええすから！　僕が断っときますんで、行ってきてください！」と言う。都市圏にいるときのヒロだったら許してくれなかったであろうドタキャンを許容してくれた。案の定、商社の方は怒り狂っていたそうだがヒロが全部被ってくれた。ありがとう、ヒロ。

コーヒー農園も、カシューナッツ農園も

その後ユキさん達のチーム独自の方法で生のコーヒー豆を発酵させる実験の手

伝いをさせてもらったり、ヒロの土壌調査を見学したり。さらにパックスラマットさんの奥様のご飯をいただいたり、夜はその集落の夏祭りへ遊びに連れて行ってもらったりして思いがけない素晴らしい二日間を過ごし、次の場所へと移動した。

ヒロのアポイントで火口付近の集落の中にある温泉付きの宿とコーヒーのプロセス場が一緒になっているところを見学させてもらい、カフェでそこのコーヒーを飲み比べさせてもらった。インドネシア国内の豆の農園や集落のある環境、それぞれのプロセスによる差異がどれほどあるかを確認する。

僕でもうまい、まずいがはっきりわかる。同時に日本で普段飲んでいるコーヒーの品質の高さを認識した。

今や日本で簡単に飲めるスペシャルティコーヒーの希少性。そしてそれらを選び抜き、日本に輸入し広めるというのは苦労が多かっただろうという思いと、それを実現させてきた人達への尊敬の念がクッキリと心に現れた。

併設されている食堂で昼ごはんを食べその場を後にし、次はユキさんが紹介してくれたカシューナッツの農園へ移動し見学させてもらう。

ここMuntingunung農園はダニエル・エルバーさんという方が主催のカシューナッツの農園とプロセス場。世界的にもとても珍しい自然栽培という農法を選択し、実行。子どもは働いておらず、プロセスはすべて大人が行い、火入れはしないで天日と室内の併用で乾燥させているという、希少でこれからの農業や世界の未来を見据えた方法をとる素晴らしい農園だ。

以前ベトナムのカシューナッツのプロセス場を見学させていただいた時のことを思い出す。写真を撮ることを拒否され、なぜかなと思いながら奥へ進むと大きな焙煎機が鎮座していて、そこですべてのカシューナッツが殻ごと焙煎されていた。しかし殻を剝いたカシューナッツは「生カシューナッツ」として販売されている。一つ目の問題だ。さらに奥に進むと部屋があり、そこを覗くとたくさんの子どもたちが高いスキルでカシューナッツをピカピカに仕上げている。これがいわゆる児童労働というヤツだ。

特別虐待めいたことがあるわけでもないし、彼らにとっては親たちと一緒に仕事を手伝っているくらいの感覚なのかもしれない。でもこの時間に勉強ができたら将来の選択肢がどれだけ増えるか考えると、悩ましい思いは払拭できなかった。ただ、不幸そうには見えないし、僕たち先進国と呼び、呼ばれる国で育った者達からの上から目線も同時に感じたのも事実だ。

話をインドネシアに戻すと、Muntingunung 農園はその懸念すら微塵も感じさせない先進的な場所であった。会社の目的や事業内容をしっかりと聞かせていただいた後、サンプルにカシューナッツを購入させてもらい、また長い時間をかけてユキさんのカフェがあるスミニャックへと戻った。

ユキさんはスミニャックのカフェへ戻っていて、プロ達が集まり焙煎の研究をしながらコーヒーの未来について語り合ったあと各々近くの宿へと戻った。

そしていよいよ、僕と山本さんとヒロはフローレス島へと向かった。この、フローレス島での出来事がこの後の人生に大きく影響を及ぼすことになる。

いざ、温泉へ

ラバンバジョへという街へ着くと空港で商社の方と合流した。ドタキャンの件で電話の向こうでは怒り狂っていたそうだが、実際会うと大人の対応で出迎えてくれた。少しだけ、だけど明らかな不満のバイブスは現れていた。申し訳ない。

ラバンバジョは港のデザイン都市で、そこからタクシーに乗ってフローレス島の真ん中より東、ルテンという街へと到着する。立ち寄って話を聞かせてもらったカフェは女性だけで運営されていて、そこでもコーヒーをいただいた。その後中華系のコーヒーのプロセス場の経営者の自宅に招いていただいて美味しいご飯をごちそうになった。プロセス場も見せてもらう。

みんなニコニコと愛想よく対応してくれて高品質の出荷前のバニラも見せてもらった。表面にキラキラとした結晶が付いていて、「良い発酵ができている証拠」ということを教わる。トイレを借りると子犬が数匹いて癒された。

次の日の朝、ここでヒロと商社の方と解散し、僕と山本さんはさらに3時間ほどかけて目的のバジャワという街へ向かった。

タクシーでユキさんに教えてもらった住所に行くと、そこは道一本の田舎道。小綺麗な家があり、敷地内にある小さなお店に入るとそこに竹で作られたアクセサリーが置いてあった。ユキさんが紹介してくれたマルコスくんのアトリエ兼ショップだった。

この時点でのマルコスくんの情報は全くなく、ただ「会えばなんとかなるから」というユキさんの言葉とバイブスのみで僕たちは出会う。

マルコスくんが明るく出迎えてくれる。

ずんぐりむっくりでゴツくいかつい風貌のマルコスくんは自分で勉強したという英語で話しかけてくる。僕もほとんど英語ができないので、ほとんどバイブスに近い言葉で喋った。

マルコスくんが車で近くの集落や伝統建築の保護地区、母なる山と呼ぶ綺麗な山、そしてカカオが生るジャングルへと案内してくれた。

どんどん山奥へといくと、カカオポッドと呼ばれる様々な色の実たちが顔を出しはじめた。様々なカカオがいたる所に生っている、中には蛍光色のような真っ赤なカカオもあった。マルコスくんが農家さんに交渉してくれてカカオを5個ほど分けてもらった。いつかこのカカオをここで加工し、世界へと発信することになるのかも……という妄想をしながらカカオをバッグにしまう。

さあ!とマルコスくんが満を持してといった感じで温泉の川が流れるところへと案内してくれる。途中いくつかの家々を通り子犬と遊ぶ少年と会話したりしながら山へ入るとお金を支払う場所（払わなくても入れそうだった）があった。そこに小銭を入れ、マルコスくんに荷物を預けて岩場を下りると、本当に湯気が立ち込める温泉の川が流れていた。

僕たちは大興奮しパンイチになり、熱い温泉と冷たい川が合流するあたりでちょうど良い場所を探し入った。

最高の気分だった。

かなり疲れていたし、この入浴は心の底から嬉しかった。

日本にも「野良温泉」と称される温泉はあるが、こんなところはない。大量の温泉がザブザブ流れていて、しかもそこはジャングル、馴染みのない植物達が辺りを覆い尽くし、ゆっくりとした、豊潤な時間が流れている。すぐ隣にはキンキンに冷たい川が、こちらも大量に流れている。こんな特別な環境が世界にあとどれくらいあるのだろうと、その場の波動を楽しんだ。

同じ場所では、アンテナビンビンのドレッドの白人の家族が水着で入っていた。子どもも二人くらいいたと思う。すぐそばに現地の小学生くらいの年頃の男の子達がズボンをはいたまんまで遊んでいる。白人の大人達は僕らが来ようがお構いなしといった感じで目も合わない。現地の子ども達とは目が合ってコンタクトを取ると笑顔で近づいてくる。現地語で何か必死に喋りかけてきてくれた。

言葉はわからないので何を言っているんだろうと思っていると、自分を指差している。「あ！　名前を聞いているんだ！」と気がつき「しんや！」と言うとすごく喜んでくれて、数人いた彼ら全員が自分の名前を教えてくれた。言葉は通じないけど、一緒に温泉に浸かる時間を共有できることで十分だった。近所のおじいちゃんも常連のようで、持参した石鹸で体を洗っていた。

入浴をめいっぱい楽しんで上がり、服を着てマルコスくんに写真を撮ってもらった。その写真が意外にも構図やピントがハイセンスで嬉しかった。

突然の音楽フェス

その後コーヒーとパーム椰子の農園を案内してもらい、いったん宿にチェックインしに行くことに。17時すぎに宿に到着するとマルコスくんが話し出す。

「実は今日19時から1年に1度のバジャワの祭があるんだ、来るか？（オリジナル英語）」

僕たちは色めきたって「もちろん行くよ！！！」と即答。

いったん別れて一休みしているとマルコスくんの兄弟が車で迎えにきてくれた。現場へと到着すると、そこはフェスの会場だった。

てっきり盆踊り的な土着のお祭りかと思っていたが、レーザービームバリバリの音楽フェスであった。

「え、何これ思ってたのと違う！」

日本のフジロックのような音楽フェスでもお馴染みのルックスのステージが建設されており、客の数も本当にたくさんいて唖然としていると、草木染めの伝統衣装姿のマルコスくんが「こっちだ！」と出店ブースへと案内してくれた。

マルコスくんのブースには竹細工と草木染めの布が飾られていた。僕と山本さんは草木染めの布を各々購入し腰に巻いた。

マルコスくんに案内されさらに奥へ行くとそこには10人ほどの大人達が集まっていた。ステージでは見えない位置にテーブルや椅子が置いてあり、そこに僕らを座らせみんなに紹介し始めた。どうやらマルコスくんはこのフェスの主催者のようだ。そこにいるみんなはマルコスくんの兄弟や親戚のようで、笑顔で僕らを迎えてくれた。

バジャワの郷土料理と地酒をたらふく振る舞ってくれ、普段はあまり飲まない酒も特別な空気に流され飲みまくり、僕らはベロベロに酔って最高の気分だ。

言葉はほとんどわからないままだったが完璧に通じ合っているかのような空気だった。

マルコスくんは拙い英語で「バジャワの言葉でありがとうを覚えるんだ、それだけでみんな喜ぶし歓迎してくれる」。そう言って言葉を二、三教えてくれた（その言葉、今は完全に忘れてしまったけど……）。

いつに間にかそのブース内で、この後出演する予定のバンドのリハーサルが始まる。若い女性のボーカルと、おしゃれな雰囲気のバンドでブラックミュージックっぽい曲に低めの声のボーカル。うまい！　無意識のうちにスキルはそんなに高くないだろうと思い込んでいたが、全然そんなことはなく、すべてのクオリティが高くてビックリした。他の人のステージでの演奏や歌もみんなうまくて嬉しい気持ちになってリハーサルを眺めていた。

するとマルコスくんが「もしよかったら日本の曲かなんか歌ってくれないか？」と言ってきた。カラオケでもやってくれ、といったニュアンスだ。

僕が「いいよ！　でもバンドの人たち日本の曲知らないだろうから、フリースタイルのセッションでもいい？」と聞くと、なんでもいいからやってくれとのこと。バンドに近づいて「セッションプリーズ？」と尋ねると「ＯＫ！」。「キーは？」と返され「なんでも」と答えるとベースから演奏に入った。

臆さないようにと頭からラップを入れるとバンドも素晴らしい音で応えてくれた。

時間にして3分くらい経っただろうか。そのブースには人だかりができていた。ラップを終えると大歓声で称えてくれた。日本でも外国人が何かやるとみんな喜ぶ、あの感じだ。

「エクセレエン！！！！！！」

マルコスくんが興奮気味に僕にそう言って「Ｉｆ……」と続ける。「よかったらステージでもやらないか？」。

ベロベロの僕が「いいよ！」と答えると酔った山本さんも興奮し客席のほうへと走った。

タバコを咥えたマルコスくんの仲間に連れられステージ裏へと向かう。

セキュリティを通りバックヤードに入ると出番を待つ衣装バッチリでナイーブになっている人たちがいて、その間を通り舞台袖で待機する。

今歌っているのは小学生くらいの男の子。歌は超うまく、聴いたことのあるバラードを見事に歌い上げていた。

彼の歌が終わると司会者の女性が話し始めた。この女性はインドネシアで有名な方らしい。

「日本から飛び入り参加の人が今から歌うわ……シンヤ!!!!(多分こんな感じ)」

僕の名前が呼ばれ、GOの合図でステージへと押し出された。

ステージは10メートルほど先にあり、歩きながら「へーい、ワッツアップバジャワピーポー! 今からフリースタイルでヤルぜ!」そう言ってバンドを振り返るとさっきリハでセッションしてくれたバンドだった。どうやら時間をわざわざ作ってくれたようだ。

合図をするとドラマーのカウントからのフィルインで頭からラップを入れた。5分くらいの出来事だったと思う。もちろん日本語だったが、途中でマルコスくんの言葉が頭をよぎり、覚えたてのバジャワ語で「ありがとう」を織り交ぜた。

「エビバディセイ! ありがとう!(バジャワ語の)」

イケるだけ身体を動かしパフォーマンスをし、セイホーを適度に入れると本当に全員が喜んだように盛り上がった。

大歓声の中ステージを降りるとたくさんの人が押し寄せてきて一緒に写真を撮ったり、ありがとうありがとうと、みんな日本語で歓迎してくれた。

ブースに戻るとマルコスくんも山本さんも、みんな喜んでくれていた。宴もたけなわ、ベロベロの僕と山本さんは宿まで送ってもらいすぐに眠りについた。

翌日、マルコスくんに空港まで送ってもらい心ばかりの御礼を支払い、よく落ちると噂の某航空会社の飛行機でラバンバジョへ。そこでまたヒロ達と合流しバリ島へ戻った。

その日の夜、ユキさんとバリの伝統料理屋さんで落ち合いバジャワでの出来事を報告した。ユキさんはその様々な出来事を喜んでくれ、運命を感じる出会いだと言ってくれている。

日本へ帰ってからもユキさんとはしょっちゅう会い、インドネシアのカカオ豆とカシューナッツの輸入の手配をしてもらうなど深い縁で繋がっている。

秘湯での気づき

温冷交代浴、温泉にハマってから毎日のように尾道の温泉「原田温泉ゆうじんの湯」に通っていた。市内から山の方へ30分ほど車で行ったところにある秘湯である。

インドネシアでの一件から2年ほど経った2021年の夏頃のことだ。この頃、新型コロナウイルスの蔓延で世界は混乱していて、広島県でも緊急事態宣言が発令。それを受けて原田温泉も2週間休業することになった。

僕たち原田温泉のファンは絶望（本当に心の底から）したが、僕は他のお風呂で感覚を代用するのを我慢し、溜めて溜めて満を持して2週間後に解放するぞ！と体勢を整える。

それにより毎日の仕事にも気合いが入り、片時も忘れることなく日々を過ごし、とうとう原田温泉再開の日がやってきた。


丁寧に身体を洗い、ゆっくりと露天風呂に浸かった。

お父さんに「熱々にしてください！」と頼むと「あいよ～」との返事の直後、ボイラーが焚かれる音がし、徐々にお湯が熱くなっていく。

ここには掛け流しの水風呂があり、熱いお湯と冷たい水に交互に入る。3往復ほどする頃、お湯の中で僕は「ああああああ～、なんて幸せなんだ……！」と心の底から思った。

僕はずっとジレンマを抱えていた。

チョコレート業は超楽しいしやりがいもあるけれど、その歴史を紐解け(ひもと)ば、かつてヨーロッパ人が産地に攻め入ってマヤ文明等の文化を壊し、カカオの苗や種を持ち帰り、栽培に適した植民地であるアフリカに植え、アフリカの人を働かせることでその種を増やした。そしてヨーロッパで偶然、現代の滑らかなチョコの原形が発明されたことで世界に広まり、今僕たちは「それ」を使い商売をしている。

そしてその商売のスタイルだって、僕自身の心から出たわけではなく、ニューヨークのマストブラザーズチョコレートを知ってのことで、そのトレースでしかないのだ。

もちろん、かつての残虐な行為も今はもう済んでしまったことであるし、未来に向けて過ちが解消されたスタイルでチョコレートを作り、売って、良いモノとして昇華させていくしかない。チョコレート業としてはそれでいいと考えている。でも、心の中ではそっちよりも「オリジナルでない」ということが、強く引っかかっている。

心の底から迷いなくやりたいことをやれているか？

自問すると、真っすぐな眼で「はい！」と答えることはできない。

迷いはある。ずっとこれでいいのか？　と引っかかっていたジレンマだ。

それが原田温泉での温冷交代浴3巡目で急速に、一瞬で解消する。

「世界に温泉を創ってみんなを幸せにしたい！」と心の底から思ったのだ。

こんなことは人生で初めてだった。チョコレート業で培ってきた人間関係やたくさんの場所、バラバラに点在していたモノ達が一気に結実する瞬間を体験した。そこには自己承認欲求などない。脳内麻薬がたくさん出て、ぶっ飛んだ。

カカオを探しに行く旅で世界に温泉はたくさんあるのを見てきたが、日本人のように熱いお湯に裸で入るというのは見たことがない。ぬるい湯にプールのように水着を着用し、遊んでいるのが基本的なスタイルだ。しっかりと真っ裸で、45度のお湯と20度の冷水に交互に入るスタイルを流布したい。世界にだ。

今は勝手な妄想だけど、第1弾として狙うのが温泉の川が流れ、初めて行った日にフェスのステージに立てて、なおかつカカオも育っているインドネシアのフローレス島のバジャワだ。

温泉業を広める前に、カカオを収穫した後発酵させ選別し、乾燥させ発送するプロセス場をプロデュースし、産業を創りだし地元の人達と親交を深める。

施設はその土地で採れる自然素材で作る。生態系を壊さないように共存型で、壊れたところから取り替えがしやすい。セキュリティはスマートに、洗剤は生分解性のモノを使用する。在来作物に由来する料理チームで培った知識や繋がりでバジャワの在来作物を使用した新しい郷土料理を食べられる食堂を作る。ある友人の企業に自然と共存できる宿泊施設を造ってもらう。そして尾道のチョコレート工場で始めたパーティを開催する。

そんな温泉施設をマルコスくんやその仲間達と一緒に作って、一緒に入って、喜びを分かち合いたい。

というところまで臨場感溢れる妄想はできている！

それらのプロジェクトを成功させて、さらに世界中にどんどん温泉を造り名を挙げ、満を持して日本へ帰り、日本を生物多様性、環境保全の概念が飛び抜けた国にしたい。

そのためにも、今はチョコレート事業をもっと成功させて尾道の仲間達を安心させる。

ここまで辿り着いたのはチョコレートを「自分の道」と見つけ、勇気を出して飛び込み、挑戦したおかげだ。

チョコレートを作る会社を自分が創るなんて、思いつく以前は想像もしていなかった。チョコレートを見つけた瞬間はきっと、会社を創ることがとても高い壁に感じられていたはずだけど、今はもうその感覚は思い出せないくらい当たり前になってしまった。

それと同じように、今はとても高い壁のようだけど、まずは一歩動き出して少しずつ形になっていって、いつの間にか当たり前の日常になっていくのだろうと感じている。温冷交代浴を知る前と知った後も本当に同じようなモノだ。

チョコレートが繋いでくれた縁と生まれた夢のために、こうやって文章にしているのだ。

チョコレート最強語録
この言葉、好き？嫌い？

14

A. 好き

サステナブル【sustainable】

この言葉は未来に必要不可欠。

地球上に限定して話すと「常に循環している中」に生きているので、環境汚染が進むと単純に自分達が生きにくくなっていくと思う。でもそこに気がつかないままよりは、流行だろうが表面的だろうが目先の利益だろうが、とにかくたくさんの人が意識して実践していく流れになるほうが地球のためになり、ひいては人類にとって生きやすくなっていくと思うので、好き！

あとがき

この本を書くきっかけになったのは小豆島で出会った平野公子さんの依頼でした。彼女は編集者で、チョコレートの本を作ったこともあるそう。それもあってか僕たちUSHIO CHOCOLATLのことを面白がってくれて本にしたいと言ってくれたのです。公子さんのお連れ合いである装幀家の平野甲賀さんも同様に僕らのことを面白がってくれて、甲賀さんと縁の深い晶文社から出版してもらえることになりました。

その後、実際の編集作業は公子さんの紹介で林さんに引継ぎ。書き上がるまでに最初の打診からなんと4年もかかってしまい、周りを取り巻く環境も変化しまくってしまいました。

周りが変化すると、自分が変化しました。

公子さんと出会った当時の自分はほとんどいなくなってしまいましたが変化も込めて、やっと出版できることになりました。

まえがきにも書きましたが、自分の話が誰かに読まれるということにどんな意味があるのか?と思いながら書きました。

それでも書いていると、自分の人生は自分が主人公なんだという、当たり前だけど実感するのが難しいことを改めて認識できました。

結局、この本は、僕がチョコレートを通していろんな人とや環境と出会っていき、自分がどんどん変化していくことの記録のようです。

ここには書き切れていないけれど重要で大切な人は本当にたくさんいて、書き切れないのが本当に嫌で仕方ないくらいです。書き終わった直後にもまた大切な人は現れるし、それを受けてまた大きく変化している途中。

チョコレートや事業は、誰かと出会うためのツールでしかなく、今この瞬間は誰かと出会うための人生です。

新たな出会いはそれまでの固定観念を大きく変えてくれます。

そしてそれは絶対に人生を楽しくします。

こうしなくてはならない、ああしなくてはならないということなんて一つもないことを教えてもらえます。


この本も、僕にとっての新たな出会いをもたらしてくれるし、既に出会っているし、読んでくれた誰かにも出会いをもたらしてくれると思います。今はそう思えています。


公子さん、林さん、やっと書けました。素晴らしい機会を与えてくれてありがとうございます。

全人類とこれを読んでくれた人達のそれぞれの形の幸せを願っています。

15

ストリート

【street】

A. 好き

伝統や文化の根源だと思うけれど、一方で相当な額の資金を動かせるようになるまで発展するところを目指さないと伝統や文化までの昇華はできない。

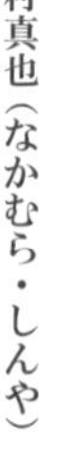

中村真也（なかむら・しんや）

１９８３年生まれ、福岡県出身。USHIO CHOCOLATL（ウシオチョコラトル）社主。放浪の旅を経て広島県尾道市に辿り着き、移住。２０１４年、二人の仲間とともに向島に工場兼店舗のチョコレートショップ「ウシオチョコラトル」をオープン。

チョコレート最強伝説

尾道のチョコレート工場「ウシオチョコラトル」の物語

2022年7月30日　初版

著　者　中村真也（ウシオチョコラトル）

発行者　株式会社晶文社
東京都千代田区神田神保町1-11　〒101-0051
電話　03-3518-4940（代表）・4942（編集）
URL　http://www.shobunsha.co.jp

印刷・製本　中央精版印刷株式会社

ISBN978-4-7949-7295-8　Printed in Japan